20x

MICROCOPY RESOLUTION TEST CHART
NBS - 1010a
(ANSI and ISO TEST CHART No. 2)

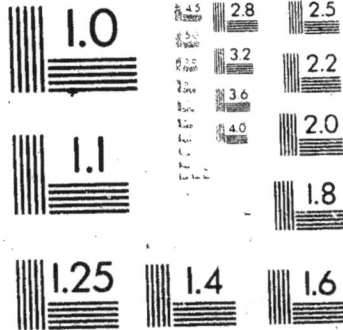

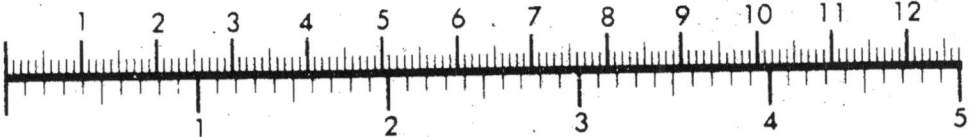

Centimeter

Inches

THE FRENCH REVOLUTION RESEARCH COLLECTION

RESEARCH COLLECTION

LES ARCHIVES DE LA REVOLUTION FRANÇAISE

MAXWELL
Headington Hill Hall, Oxford OX3 0BW, UK

B

C

D

F

G

Élévation du Moulin.

MANUEL

DU MEUNIER,

ET DU CONSTRUCTEUR DE MOULINS

A EAU ET A GRAINS.

Par M. BUCQUET.

Nouvelle Édition revue, corrigée & beaucoup
augmentée, approuvée par l'Académie des
Sciences, & imprimée sous son Privilège.

Ornée de sept Planches.

A PARIS,

Chez ONFROY, Libraire, rue St-Victor, N°. 11.

1790.

AVIS

DE L'ÉDITEUR,

Ou Notice Historique sur l'Auteur du présent Mémoire.

VOICI le dernier Ouvrage d'un Citoyen presqu'inconnu, & qui cependant a mérité réellement l'estime & la reconnoissance de ses compatriotes ; je vais le leur prouver afin qu'ils s'acquittent de ce devoir envers lui.

On ne retiroit, il y a un siècle, que 144 livres de farine d'un setier de bled, & il en falloit quatre setiers par an pour la nourriture d'un seul homme; la mouture s'est amélioré depuis, car selon M. de Vauban, trois setiers de bled, produisant 150 livres de pain, suffisoient pour la nourriture du soldat.

La mouture économique, établie par le sieur Bucquet dans plusieurs Provinces du Royaume, par ordre du Gou-

A 2

vernement, a réduit cette confommation
a deux fetiers de bled qui produifent
380 livres de farine & 530 livres de pain.

Cette augmentation de farine provient
de la mouture des gruaux qu'on laiffoit
auparavant dans le fon ; parce que les
vices de conftruction des moulins ne per-
mettoient pas de les remoudre , ce que
le fieur Buquet a rendu facile en perfectionnant les moulins & la mouture. La
perte de ces gruaux étoit d'autant plus
confidérable, qu'ils contiennent le germe
du bled , la farine la plus favoureufe ,
la plus fubftancielle, & que l'on emploie
maintenant à faire les pâtes & patifferies
les plus délicates.

Il réfulte de cette perfection des moulins & de la mouture , un tiers de bénéfice & d'économie fur la confommation
des grains en France , puifqu'il n'en faut
plus que deux fetiers par an au lieu de
trois pour la nourriture d'un homme, & que
ces deux fetiers produifent plus de farine
& de pain.

Ce bénéfice d'un tiers , tant en qualité

qu'en quantité fur la confommation des grains, eft pour la France un objet con- fidérable, & qui deviendroit immenfe fi notre Agriculture étoit ce qu'elle pour- roit & ce qu'elle devroit être.

L'année commune de la récolte des grains en France eft de 45 millions de fetiers. Si la culture étoit dans tout le Royaume ce qu'elle eft en Flandre, dans l'Ifle de France & dans le pays de Caux, l'année commune feroit de 80 millions de fetiers au moins, & feroit de plus de 160 millions de fetiers fi les landes, bruyères & marais, qui couvrent encore un tiers au moins du Royaume, étoient en bonne culture. Dans ce cas la po- pulation doubleroit, la France pourroit contenir 32 millions d'habitans qui con- fommeroient foixante - quatre millions de fetiers de bled, & nous aurions au moins 96 millions à vendre chaque année, qui, à 12 liv. le fetier en toutes efpèces de grains, produiroient un milliard 152 millions, dont moitié réfulteroit de la perfection des moulins & de la mouture.

Tel eſt l'état où nous devrions être, & voici l'état où nous ſommes.

On ne compte en France que 16 millions d'habitans qui, du tems de M. de Vauban, conſommoient 48 millions de ſetiers de bled, & qui n'en conſomment ou n'en doivent plus conſommer que 32 millions, en ſe nouriſſant mieux. C'eſt donc ſur notre conſommation une économie annuelle de 16 millions de ſetiers qui, évalués l'un dans l'autre à 12 liv. le ſetier, valent 192 millions qui ſe perdoient chaque année, & que l'on gagne par les moulins & la mouture économique. Or, depuis vingt-cinq ans au moins que cette mouture eſt établie, le ſieur Buquet a donc enrichi la France de quatre milliards 800 millions.

Quel eſt le François qui ait enrichi ſa Patrie auſſi prodigieuſement pour le préſent, & plus encore pour l'avenir ? Et quel eſt celui qui, pour faire autant de bien, auroit eu, comme M. Buquet, le courage de ſacrifier le tems le plus précieux de ſa vie, ſa fortune, ſa tran-

quillité & fa fanté ? Il eft-très-vrai qu'en
parcourant les Provinces du Royaume,
par ordre du Gouvernement, pour y
réformer les moulins & la mouture, le
fieur Buquet n'a éprouvé que des con-
tradictions, des perfécutions, qu'il a
même plufieurs fois rifqué fa vie, parce
qu'on le regardoit comme l'inftrument
d'un affreux monopole, & cela tandifque
par-tout des procès-verbaux authentiques
conftatoient les fuccès de fes opérations;
(1) enfin il eft également vrai que ce
bon citoyen n'a reçu aucune récompenfe,
& qu'on n'a ceffé de le perfécuter que
depuis que fa vieilleffe, fes infirmités &
fon malaife ont défarmé fes ennemis.

Dans cet état de détreffe, le fieur
Buquet n'a pas ceffé de fe rendre utile ;
le Mémoire fuivant n'eft qu'une nouvelle
édition corrigée, augmentée, differem-
ment rédigée, de fon Manuel du Meûnier & du Charpentier de Moulins,

---

(1) Voyez le Mémoire in-4°., imprimé à Dijon, en
1766, & qui fe vend chez le fieur Buquet.

imprimé par ordre du Gouvernement en 1775, d'après l'approbation de l'Académie Royale des Sciences. Il est aussi l'Auteur du Traité pratique de la Conservation des grains & farines, & d'Observations sur la Boulangerie, qu'il a publié en 1783, en deux volumes in-8°., avec figures (2).

Voilà ce qu'a fait le sieur Buquet ; tels sont ses titres à l'estime & à la reconnoissance de ses compatriotes.

Il nous reste un devoir à remplir, c'est celui de faire connoître le respectable auteur de tout le bien qu'a fait le sieur Buquet, & dont il l'eut certainement fait récompenser s'il étoit resté en place. Nous ne nommerons point ce Ministre parce que nous n'en avons pas la permission ; mais nous dirons que c'est sous son Ministere qu'on a vu s'établir les Sociétés Royales d'Agriculture, les Chaires d'Economie Rurale, les Ecoles Royales

---

(2) On trouve également chez lui ces différens Ouvrages, ainsi que celui-ci.

Vétérinaires, les Ecoles Royales des Mines, & cette précieufe liberté du commerce des grains, pour laquelle il lui a fallu combattre tant d'efprit de corps, tant de préjugés, tant de cabales, & vaincre tant de réfiftances.

C'eft ce Miniftre qui, par tous ces établiffemens & par tous fes foins pour l'Agriculture, a conquis à lui feul, pour le Roi, une grande partie de fon Royaume, par les défrichemens immenfes qu'il a occafionné. C'eft auffi à ce Miniftre d'Etat que les Lettres font redevables des richeffes étonnantes & uniques que nous a laiffé le célèbre feu Court de Gebelin, le Génie le plus vafte que la France ait produit, & reconnu pour tel par toutes les Académies, par tous les vrais Savans, ce que nous fommes en état de prouver par fa Correfpondance. C'eft ce Miniftre qui a intéreffé les favans Voyageurs à recueillir, dans toutes les parties du Monde, les manufcrits, les livres & les monumens dont Gebelin feul pouvoit nous faire connoître le mérite ; enfin,

c'eſt encore à ce Miniſtre qu'on ſera
redevable de la continuation du Monde
primitif, par les ſoins qu'il vient de prendre
pour acquérir & conſerver les livres, les
manuſcrits & tous les matériaux néceſſaires pour achever cet excellent Ouvrage.

EXRAIT du second Programme publié par l'Académie des Sciences, en 1785 , pour le Concours par Elle proposé sur les moyens de perfectionner les Moulins & la Mouture économique.

LA seconde pièce , qui a fixé l'attention de l'Académie , porte pour devise ces mots : *multa paucis.* L'Auteur de ce Mémoire a présenté , d'une manière très-exacte , tout ce qui concerne la Mouture des grains , & particulièrement les procédés qui font propres à la Mouture économique ; il est entré dans tous les détails rélatifs à la construction des moulins , de ceux en particulier qui font destinés pour la dernière de ces moutures , & , prenant pour règle sa propre devise , il s'est appliqué à réunir beaucoup de choses dans un Mémoire peu étendu ; ces connoissances , rassemblées avec autant d'ordre que de clarté , font proprement un précis des meilleurs Ouvrages qui ont été publiés sur cette matière......

EXTRAIT des Régiſtres de l'Académie Royale des Sciences.

Du 5 Septembre, 1786.

LES Commiſſaires nommés par l'Académie pour lui rendre compte du Mémoire ſur les moyens de perfectionner les Moulins & la mouture économique, qui a concouru pour le prix ſur ce ſujet, ſous l'épigraphe, *Multa paucis*, & qui a obtenu l'Acceſſit, en ayant rendu compte à l'Académie, elle a jugé que cet Ouvrage étoit digne d'être imprimé ſous ſon privilége. *Au Louvre*, ce 5 Septembre, 1786.

Je certifie le préſent Extrait conforme au jugement de l'Académie.

A Paris, ce 5 Septembre 1786.

Le Marquis DE CONDORCET, *Sécrétaire Perpétuel.*

MÉMOIRE

SUR LES MOYENS DE PERFECTIONNER

LES MOULINS

ET LA MOUTURE ÉCONOMIQUE.

§ I.

Observations préliminaires.

LE premier des Arts est celui qui est la source
& l'aliment de tous les autres , qui fait naître
toutes les matières premières & particulièrement
les grains.

Par sa nécessité pour nos premiers besoins ,
l'art de la construction des moulins & de la mouture est le second.

Ces deux arts , les plus utiles , sont cependant
les plus négligés , les moins perfectionnés , parce
qu'en général les hommes ne connoissent point
leurs véritables intérêts ; parce que la Capitale est
habitée par la plus grande partie des propriétaires ,
& des Capitalistes qui préfèrent le monopole &
l'agiotage de l'argent & des papiers à des spé-
culations sur l'Agriculture & sur les arts &
métiers utiles , à moins qu'ils n'obtiennent des

privilèges exclufifs ; parce qu'enfin l'Agriculture, le commerce & l'induftrie font gênés par des impôts indirects, des réglemens ; dés prohibitions & des privileges exclufifs.

L'art du Meunier a tout au plus vingt années de date, je veux dire que ce n'eft que depuis environ vingt ans qu'on a répandu des lumières utiles fur l'art de conftruire les Moulins à bled, de dreffer & rhabiller les meules, d'étuver, né-toyer & conferver les grains, & d'en tirer, par la mouture & la bluterie, le meilleur produit poffible.

On commence à convenir qu'un Meunier doit connoître

1°. Les qualités des différentes efpèces de grains qu'on eft dans l'ufage de réduire en farine.

2°. La manière de les nétoyer & de les étuver avant de les moudre.

3°. La conftruction de toutes les pièces d'un Moulin, leurs rapports entre elles, leur mé-chanifme, leurs effets dans les différentes efpèces de moutures, pour pouvoir faire ou faire faire à-propos & convenablement les conftructions & réparations néceffaires.

4°. Le bon choix des meules, la manière de les fécher & dreffer.

5°. L'efpèce de rhabillage des meules qui convient pour la différente mouture de chaque efpèce de grain féparément , & pour celle des bleds mélangés , des bleds humides , des bleds fecs , &c.

6º. Les différentes efpéces de mouture.

7º. Les différens bluteaux à employer felon les différentes moutures , & les différens produits qu'on en veut tirer.

8º. Les mélanges de farines les plus avantageux pour le peuple.

9º. L'art de conferver les farines.

Tous ces articles ont été traités & détaillés dans quelques Ouvrages qui ne font pas fans mérite ; j'en extrairai ce qui me conviendra pour compofer l'ouvrage demandé par l'Académie ; j'y ajouterai les fruits de mon expérience & de mes réflexions , je tacherai d'éviter les phrafes inutiles, d'être exact , méthodique & clair , & de dire enfin beaucoup de chofes en peu de mots ; *multa paucis* , c'eft ma devife.

Le vœu de l'Académie étant fans doute de répandre l'inftruction dans une claffe d'hommes communément peu lettrés , & fur un art en général peu connu , je m'attacherai à me faire comprendre aux Conftructeurs de moulins & aux Meuniers , en ne parlant que la langue de leur art , & en n'employant que les termes & expreffions qu'ils connoiffent.

Pour éviter , autant qu'il m'eft poffible , le re-

proche d'avoir outre-paffé les bornes du Programme
de l'Académie par mes détails, j'affirme la pro-
poſition ſuivante.

« En vain on perfectionneroit les Moulins, ſi
» on ne perfectionnoit pas en même tems l'art de
» monter, de dreffer, de rhabiller les meules,
» les différentes eſpèces de moutures qu'exigent
» les différentes qualités de grains, & l'art de la
» bluterie, toutes connoiffances qui ſont peu com-
» munes, & qui ſont inféparables de l'art du
» Meunier & du Programme de l'Académie,
» ſelon moi. »

§ I I.

Des Moulins à eau de pied ferme.

Les Moulins à eau ſe diſtinguent en *Moulins
de pied ferme* & *Moulins ſur bateau.* Je ne
parlerai de ces derniers qu'à l'article des changemens à faire aux Moulins ordinaires.

Les Moulins de pied ferme ſont ainſi nommés
parce qu'ils ſont bâtis ſolidement ſur le bord
des rivières ; il y en a de quatre ſortes, ſavoir :

1°. *Les Moulins en deſſous* dont la roue à
aubes tourne dans une reillère, courſier ou
courant d'eau qui la prend par deſſous.

2°. *Les Moulins en deſſus* dont la roue à pots
ou auguets, reçoit l'eau en deſſus par un conduit

ou canal, lorfqu'elle a affez de chûte & pas affez de volume pour faire tourner en deffous.

3°. *Les Moulins pendans* placés fous les ponts des rivières navigables, & dont la roue à aubes s'élève ou s'abaiffe fuivant la hauteur de l'eau.

4°. *Les Moulins à cuvette*; comme ils ne font connus que dans nos Provinces méridionnales où l'on en fait ufage, je vais en donner une idée.

L'arbre tournant de ce moulin eft vertical, fon bout fupérieur eft armé d'un fer d'environ deux pouces en quarré qui porte la meule courante horifontalement ; vers le bas il porte une roue horifontale d'environ trois pieds de diametre. L'extrémité inférieure de cet arbre fe termine par un pivot de fer tournant fur une crapaudine d'acier fixée fur un palier au bas de la cuvette. La roue de ces moulins eft à aubes inclinées ; elle eft enfermée dans une cuvette ou tonneau en maçonnerie fans fond, auquel aboutit un courfier auffi en maçonnerie, d'environ un pied de diametre plus ou moins, felon la force de l'eau qui entre avec précipitation & obliquement par ce courfier dans la cuvette où, ne trouvant pas pour fortir d'ouverture auffi grande que celle par laquelle elle eft entrée, elle fe gonfle & forme dans cette cuvette un tourbillon qui force la roue de tourner avec elle ; en même tems elle s'échappe par les intervalles que les aubes ont entre elles, elle fort

B

par le fond de la cuvette, & s'écoule par le côté d'aval où l'on a ménagé une pente.

Ces moulins ont des défauts dont je parlerai en faisant la defcription du gros de fer & de l'anille, & à l'article qui traite des défauts des moulins ordinaires, à cuvette, &c.

Pour me renfermer dans le Programme de l'Académie, je ne décrirai que les Moulins en deffous & en deffus dont la conftruction eft la même, avec la feule différence ci-devant énoncée ; ils font de tous les Moulins ceux qui font le meilleur fervice & le plus continuel.

Les Moulins de pied ferme ont fur tous les autres un grand avantage, c'eft de pouvoir établir dans leur partie fupérieure des magafins dans lefquels on peut à peu de frais manœuvrer les grains, les rafraîchir, cribler & nétoyer avant de les moudre. Je vais d'abord en décrire les différentes parties.

§ I I I.

Defcription de toutes les Pièces d'un Moulin économique.

La Roue. Dans un grande partie des Provinces de France on eft dans l'ufage d'employer des Roues de dix à douze pieds de diamètre, & des Rouets qui n'ont qu'environ quatre pieds de diamètre ; cette difproportion dans la hauteur de la Roue défavantage le moulin.

Lorſque le lieu le permet , il faut donner à la Roue un plus grand diamètre ; il eſt plus avantageux pour la force de l'eau & pour celle du Moulin dont la Roue eſt le lévier ; plus un lévier eſt long , plus il opère de force ; ainſi lorſque l'eau eſt aſſez forte , il faut donner à la Roue un diamètre de dix-ſept pieds quatre pouces ou environ juſqu'à l'extrémité des aubes , ſur vingt à vingt-quatre pouces d'aubage ; c'eſt-à-dire de la largeur de la reilière ou du courſier , & la Roue doit avoir vingt - quatre aubes d'environ deux pieds de largeur chacune.

Si au contraire il y a peu d'eau ou que ſa chute ne ſoit pas aſſez forte , l'aubage & le fond du glacis ne doit avoir que douze à quinze pouces de largeur ; le diamètre de la roue ne ſera que d'environ treize pieds & demi ; on y pourra mettre trente aubes au lieu de vingt-quatre : il eſt eſſentiel qu'elles ſoient d'une bonne longueur , telle que celle de dix-huit à vingt - quatre pouces , afin d'éviter le reflux de l'eau , & que le ceintre de la roue ne touche point , ou très-peu , à l'eau : ſi on mettoit un plus grand nombre d'aubes , l'eau pajotteroit dans leurs intervalles , ce qui augmenteroit la réſiſtance de la roue & retarderoit le mouvement du moulin : en général , plus l'eau eſt forte , & moins il faut d'aubes.

Lorſque la chûte d'eau d'un moulin en deſſous

eft foible, quoiqu'il y en ait beaucoup, il eft effentiel de tenir la roue & les aubes fort larges, c'eft-à-dire, d'environ trois à quatre pieds, & la reillère à proportion ; alors le volume d'eau fupplée à la chûte, & accélère le mouvement de la roue.

Les Aubes. L'aube doit être faite de bois d'orme ; c'eft une petite planche attachée aux *coyaux* fur le ceintre ou jantes de la roue.

Les aubes font les bras du lévrier ; elles font aux Moulins à eau ce que les aîles font aux Moulins à vent ; elles doivent être placées droites fur la roue, & non inclinées ; leur inclinaifon feroit pajotter l'eau, & retarderoit le mouvement de la roue.

Une roue dont le nombre d'aubes eft double, tourne plus vîte que celle dont le nombre d'aubes eft fimple ; il faut qu'elles foient difpofées de façon que deux aubes foient dans l'eau pendant que celle d'avant y entre, & que celle d'après en fort ; en tout quatre aubes agiffantes à la fois, une qui entre dans l'eau, deux qui font dans l'eau, & la quatrième qui en fort.

Les Coyaux font deux petites pièces de bois entaillées fur la roue.

Les Auges. A l'égard des Moulins en-deffus, il faut que l'ouverture des *Auges ou pots* de la roue foit proportionnée à la force & à la quantité de l'eau ; lorfque les pots ne font pas affez ouverts , l'eau rejaillit , fort de la roue , & nuit à fon mouvement qui doit toujours être lefte ; à l'égard de leur nombre , il faut fuivre les mêmes règles que pour les aubes.

L'arbre tournant eft l'axe de la roue & du rouet qui font en dedans du Moulin ; cet arbre eft le centre du mouvement du Moulin , ainfi il doit être proportionné à fa force & à celle de toutes les pièces fur lefquelles il doit agir ; il doit avoir environ feize à vingt pouces de gros en quarré.

Les Tourrillons & les Plumarts. Les tour-rillons qui font les bouts de fer dont les extré-mités de l'arbre tournant font armés , doivent être dans fon plein milieu ; ils doivent être fupportés par des plumarts de fonte ou de cuivre , qui doivent leur fervir de chevet pour les faire tourner plus gai & avec moins de frottement. La forme ordinaire de ces tourrillons eft défa-vantageufe pour les petits Moulins fur - tout , en ce qu'elle occafionne un frottement qu'il eft effentiel de diminuer. Ces tourrillons ont ordi-nairement fix à huit pouces de tour , & portent fur des plumarts de fix à huit pouces de longueur. Lorfque ces plumarts font de fer ou de cuivre , le frottement eft encore confidérable ; mais lorf-qu'ils font de bois , comme dans la plupart des

petits Moulins , alors le frottement eſt bien plus
conſidérable , & retarde beaucoup le jeu du Moulin.

Pour remédier à ces inconvéniens , il faudroit
que les tourrillons fuſſent moins gros , moins
longs , & qu'ils fuſſent terminés par une boule
d'acier qui porteroit ſur des plumarts de cuivre
incruſtés ſur le chevreſier qui les tient en équilibre ; ces tourrillons n'auroient ainſi pas plus
d'un pouce de frottement , & les petits Moulins
ſur-tout y gagneroient beaucoup.

Le Rouet eſt une Roue à dents ou aluchons ,
adaptée ſur l'arbre tournant dans la cave du
Moulin , pour engrener dans les fuſeaux de
la lanterne. Ses dents , aluchons ou chevilles
ſont de petites pièces de bois taillées ſoit quar-
rément , ſoit en plan incliné. Le diamètre du
rouet doit être proportionné à celui de la roue ;
ainſi , en ſuppoſant le diamètre de la roue de
dix-ſept pieds quatre pouces , tel qu'il eſt indiqué
ci-devant , celui du rouet doit être de huit pieds ,
c'eſt-à-dire , toujours un peu moins de la moitié
du diamètre de la roue. Quand on lui donne la
moitié juſte du diamètre de la roue , cela diminue
la force du lévier ou de la roue , & rallentit ſon
mouvement.

Si le Moulin a beaucoup d'eau , le rouet doit
avoir quarante-huit dents à ſix pouces de pas ou
d'intervalle l'une de l'autre ; il eſt néceſſaire que

ces dents ayent une ligne de pente par pouce,
fuivant l'épaiffeur du rouet ; c'eft-à-dire que fi le
ceintre, la bande, le parement ou le chanteau,
(termes fynonymes) a fix ou huit pouces de large,
la dent aura fix à huit lignes de pente, afin que
les fufeaux de la lanterne quittent plus facilement
les dents du Rouet ; il eft plus avantageux de
donner cette pente aux *lumières* ou trous que l'on
fait dans le chanteau du rouet pour y enfoncer
les dents, que fur la tête des dents mêmes ; cependant on donne quelquefois cette pente aux
dents plutôt qu'à leurs alvéoles, parce que cela
eft plus facile.

Si le moulin a peu d'eau, le Rouet doit avoir
jufqu'à 56 & même 60 chevilles. En général, fi
l'eau eft forte, le pas du rouet doit être long &
par conféquent avoir moins de chevilles ; & fi
l'eau eft foible, fon pas doit être plus court, il
doit avoir plus de chevilles.

Les Embrâfures du rouet font des pièces de
bois qui fe croifent pour foutenir la circonférence
du rouet ; elles doivent être fortes à proportion
de fa groffeur.

La Lanterne eft un pignon à jour fait en forme
de lanterne, compofé de deux tourtes ou pièces
de bois rondes autour defquelles font les fufeaux
dans lefquels engrenent les dents du rouet. Cette
lanterne eft fixée fur le gros fer qui traverfe les

meules dans leur point de centre, & qui sup-
porte & fait tourner la meule courante.

D'après les proportions du rouet ci-devant
indiquées, la lanterne doit avoir dix-huit à
dix-neuf pouces de diamètre, avec huit fuseaux
de même pas absolument que les dents du rouet.

Lorsque le Moulin a beaucoup d'eau, & qu'il
va fort, on peut mettre jusqu'à dix & même douze
fuseaux à la lanterne, & toujours de même pas
que les dents du rouet; le Moulin fera plus doux,
la meule tournera plus rondement, elle s'usera
moins, la mouture fe fera mieux, & ce qu'on
perdra en vitesse, on le gagnera par la qualité
de la mouture, & par un plus long service du
Moulin.

Les proportions entre la roue, le rouet, la
lanterne & la meule courante doivent être telles
que 40 ou 48 dents du rouet & huit fuseaux de
la lanterne opèrent cinq ou six tours de la lanterne
& de la meule contre un tour de la roue. D'après
cette règle, on doit préférer le nombre pair des
dents du rouet & des fuseaux de la lanterne au
nombre impair.

Il y a deux manières de faire la lanterne,
savoir à fuseaux droits, & à fuseaux inclinés.
Celle à fuseaux inclinés fe nomme *Lanterne à
fereine.*

On fait auffi les fuseaux en bois ou en fer;

ceux de fer durent plus long-tems & s'usent moins que ceux de bois ; mais ceux-ci ont le mouvement plus doux , & ceux de bois de gayac sur-tout sont préférables parce que le frottement en est plus doux & plus solide.

Les dents du rouet & les fuseaux de la lanterne ayant la même inclinaison , le choc plein qu'ils se donnent en tournant est aussi vif que des coups de maillet , & si les fuseaux sont de fer, ce choc cause au rouet un ébranlement qui occasionne son écartement , à moins qu'il ne soit etrésillonné ou soutenu par derrière avec des pièces de bois qu'on nomme *etrésillons* , qui prennent dans le milieu des deux embrâsures , un bout à la roue & l'autre au rouet. Ce choc , faisant le même effet sur l'arbre tournant & sur le gros fer , les fait vaciller , leur fait faire des heurtemens , des soubresauts , fait bourdonner la meule , & la mouture est inégale & grossière , sur-tout lorsque la roue a beaucoup de vitesse.

Le dérangement n'est pas si considérable lorsque la chute & le courant d'eau sont foibles , & que les fuseaux sont de bois ; mais la lanterne à sereine est toujours sujette à se déranger de pas , lorsqu'on descend le fer , ou que l'on cale le *chevrefier*, c'est-à-dire , la pièce de bois qui lui sert de chevet, & sur laquelle pose l'axe ou le grand arbre du Moulin ; ainsi il faut préférer les lanternes à fuseaux

droits & de bois , qu'on peut étréfillonner lorfqu'ils dardent un peu , c'eft-à-dire qu'on étaye
ces fufeaux par de petits étrefillons qu'on place horifontalement , & qu'on fait entrer de force entre
chaque fufeau.

Le Palier eft une pièce de bois d'environ un
pied carré fur neuf pieds de longueur entre fes deux
appuis , & dont les deux bouts , taillés en dos de
carpe , pofent fur deux pièces de bois qu'on nomme
brayes. Cette forme de dos de carpe eft néceffaire
pour alléger la meule plus droite.

Le palier fervant à porter le gros fer fur lequel
la lanterne & la meule courante font arrêtées , il
eft évident que fa force doit être proportionnée
à la pefanteur des meules & à la force du Moulin.

Les deux Brayes , qui fupportent le palier , font
deux pièces de bois chacune de fix pouces en quarré ,
pofées en travers du *béfroi* dans lequel elles entrent
par une rainure à couliffe.

Le Béfroi eft compofé de quatre piliers de pierre
ou de bois debout qui foutiennent la charpente
du Moulin , ou l'étage des meules.

La Trempure eft une pièce de bois de cinq à fix
pouces de gros & d'environ neuf pieds de long , qui
fait l'effet d'une bafcule ou d'un lévier ; il fert à
hauffer & baiffer le palier à volonté. La trempure
traverfe fous le plancher des meules , & reçoit dans
l'un de fes bouts un pièce de fer debout, qu'on nomme

épée de la trempure, qui paffe à travers d'une des braies. A l'autre bout de la trempure eft attachée une corde qui va s'arrêter à côté de la huche , & qu'on charge d'un poids par le moyen duquel on foulève cette trempure. Quand on tire ce poids, on foulève la braie qui porte le palier , & l'on écarte ainfi plus ou moins la meule courante.

On m'a propofé , il y a longtems , d'employer pour l'allégement de la meule une efpèce de cric fous le palier au droit de la pointe de fer , je n'en ai point approuvé l'ufage 1°. parce que ce cric eft plus couteux que la trempure ; 2°. parce que l'ufage de la trempure eft plus facile pour le Garde-moulin ; 3°. parce que le Garde-moulin doit conduire à la fois & fans fortir de place, les *trois Gouvernaux du Moulin* , favoir *l'anche* , le *bail bled* & la *trempure* ; il doit avoir une main à l'anche pour tâter la mouture & en juger la qualité; il doit tenir de l'autre main le bail bled & la corde de la trempure ; le bail bled pour donner plus ou moins de bled dans la meule , felon le broyement que l'on veut faire , & la trempure pour alléger ou approcher , c'eft-à-dire hauffer ou baiffer la meule, felon que la mouture l'exige ; 4°. c'eft que le Garde-moulin ne pourroit pas gouverner fi facilement ce cric avec l'anche & le bail bled.

Le gros Fer. La meule courante eft fupportée par un arbre de fer ou gros fer, dont le bout fupérieur fe nomme *Papillon*, la partie au-deffous du papillon fe nomme la *Fufée*, le bout inférieur de cet arbre fe nomme le *Pivot*, & la partie qui eft entre la fufée & le pivot fe nommé le *corps de l'arbre*.

Le papillon entre dans l'*anille*, & porte la meule courante.

Dans un Moulin d'une force ordinaire le corps de l'arbre de fer doit avoir environ trois pouces de largeur fur un pouce & demi d'épaiffeur, depuis la fufée jufqu'au commencement du pivot.

Le pivot du gros fer porte fur une efpèce de pas de métal qu'on nomme *crapaudine* ; il eft effentiel que cette crapaudine foit dans le plein milieu du palier, afin que la pointe du gros fer foit bien droite & au niveau du milieu de l'arbre tournant.

La fufée du gros-fer doit être ronde, elle doit avoir environ fix à huit pouces de long fur dix pouces & demi de circonférence, toujours fuivant la force du Moulin : il faut lui donner environ deux lignes de plus dans le haut que dans le bas. Si cette augmentation du haut de la fufée étoit plus fenfible, elle allégeroit trop la meule, la feroit bourdonner, & en même tems cela pourroit faire *grener* ; c'eft-à-dire faire paffer le grain entre les *boites* & la fufée, pour venir tomber & fe perdre fur la lanterne. Si l'eau eft foible, on fera la fufée plus petite, le Moulin en tournera plus leftement.

On diftingue dans le papillon les *plats* & les *bouts* ; les plats font les côtés les plus larges, & les bouts font les côtés les plus étroits.

Le papillon doit avoir deux pouces de large par en bas fur les plats, revenant à deux pouces moins un quart par le haut, & un pouce & demi par en bas fur les bouts, venant à un pouce & un quart vers le haut. De cette manière l'anille ne porte pas fur les épaulemens ou rebords de la fufée, & la meule fe dreffe facilement. Lorfque, par le frottement, la fufée s'ufe plus d'un côté que de l'autre, & qu'il fe forme vers le haut des *lèvres* ou *rebords*, ces rebords portent fur les boitillons, font échauffer le fer, & gênent pour approcher la meule ; le moyen d'y remédier eft de faire porter le fer à la forge, de faire bien arrondir la fufée, bien limer & adoucir les iné- galités, & de remettre le fer dans le plein milieu de la meule gliffante.

La Boîte & les Boitillons fervent à contenir la fufée dans l'œillard du gite ; la *boîte* eft une efpèce de noyau ou de moyeu rond de bois d'orme, creufé dans le milieu, où l'on place deux pinneaux ou *boitillons* de bois de cormier, allant de bout en bout, de 3 à 4 pouces en carré fur 6 à 7 pouces de longueur pour contenir la fufée. On eſt dans l'uſage de faire une boite ronde ; mais j'ai obſervé qu'en la faiſant quarrée, dans la longueur des deux tiers de l'épaiſſeur de la meule, & le reſte rond, la boite duroit dix fois plus, & n'étoit pas ſi ſujette à deſſérer le fer. Les deux boitillons ſont contrebandés par deux autres morceaux de bois poſés en ſens contraires ou de plat en plat, qui ſe nomment *faux boitillons* ; ils ſervent à ſoutenir les boitillons & le bourage de chanvre & de graiſſe, dont on garnit la fuſée du gros-fer. On peut employer, pour faire la boite, un bon vieux moyeu de charette, parce qu'ayant fait ſon effet, il n'eſt plus ſi ſujet à travailler que le bois neuf qui, en ſe gonflant, pourroit faire fendre la meule. Pour éviter cet effort de la boite, il faut encore avoir la précaution de la fréter, c'eſt-à-dire de la cercler de fer bien exactement.

L'*Anille* eſt une pièce de fer ayant la forme de deux C adoſſés Ɔ⁻C, au milieu de la quelle eſt un trou carré qu'on nomme l'œil de l'anille, & dans lequel entre le bout du papillon.

L'anille eſt incruſtée & ſcellée avec du plâtre ou du plomb, dans le milieu de la partie intérieure de la meule courante ; ſa grandeur & ſa forme doivent être proportionnées à la grandeur & épaiſſeur de la meule, & à la grandeur de l'œillard ou trou de la meule.

On diſtingue, dans l'anille, le *corps* & les

bras ; le corps eſt la partie du milieu , & qui a dans ſon juſte milieu un trou quarré. La longueur du corps de l'anille doit être d'environ quinze pouces , non compris les bras qui doivent avoir la même longueur au plus. S'ils étoient plus longs , la meule ne ſe manieroit pas ſi bien ; ils empêcheroient de dreſſer la meule , & d'en peſer les bouts avec facilité.

Dreſſer la meule , c'eſt la charger du côté oppoſé à celui qui baiſſe. *Peſer la meule* , c'eſt chercher ſon équilibre en appuyant ſur les quatre points pour voir ſi elle ne peſe pas plus d'un côté que de l'autre.

L'anille dans toutes ſes parties doit avoir environ deux pouces & demi d'épaiſſeur , ſur environ cinq pouces & demi de large.

Les quatre Pipes. Pour dreſſer les meules convenablement , on ſe ſert de quatre petits coins de fer , qu'on nomme *pipes*. Ils doivent avoir environ trois lignes d'épaiſſeur ſur deux pouces de longueur , être plus minces en bas qu'en haut ; on les enfonce à coups de maſſe entre le papillon & l'anille , pour relever ou rabaiſſer la meule du côté des plats ou des bouts qui l'exigent. La largeur de ces coins doit être moindre que celle du papillon , afin de pouvoir les ſerrer au beſoin.

Depuis quelques années on a trouvé une manière plus commode de dreſſer le fer de la meule ſans

donner aucun coup de maſſe , & par le moyen
de vis placées , ainſi qu'il ſuit.

La *Crapaudine* eſt encadrée dans une boîte qu'on
nomme *poëlette*; cette boîte eſt dans un chaſſis de
cuivre ou de fer à travers duquel paſſent deux vis de
preſſion de chaque côté ſur la longueur , & une
autre à chaque bout ſur la largeur , pour faire
couler la poëlette ; ces vis ſe ſerrent avec des clefs;
cette machine épargne beaucoup de main d'œuvre,
diminue le chaumage du Moulin , & ménage la
crapaudine.

Par économie , on fait faire la crapaudine à
trois pas ; quand elle n'en a qu'un , quatre vis
ſuffiſent ſur ſa longueur. Il arrive quelquefois
que la pointe du fer ſiffle , ou fait du bruit en
tournant , & qu'alors la meule s'allège ou ſe ſou-
lève toute ſeule ſans y toucher , en voici la raiſon :
quand l'acier eſt dans le feu , il ſe gonfle & s'allonge , de même l'acier de la pointe du gros-fer
s'échauffe & ſe gonfle en tournant , & occaſionne
le ſoulévement de la meule ; mais cela ne dure
pas longtems , parce que l'acier s'uſe , & la meule
ſe rapproche toute ſeule. En pareil cas , lorſqu'on
voit que le fer s'échauffe trop , il faut arrêter le
Moulin , vuider le pas , c'eſt-à-dire , ôter l'huile
qui s'y eſt encraſſée , & le rafraîchir avec de l'eau
froide , cela durcit l'acier du pas & de la pointe ,
en ſuite on les eſſuie ; & l'on y remet de la
nouvelle huile d'olive.   Il

Il convient que la pointe du fer foit en pointe d'œuf, plus ou moins fine felon la force du Moulin & la pefanteur de la meule, car dans un Moulin foible, fi la pointe du fer eft groffe, elle le défavantage. Pour remédier à l'inconvénient de l'échauffement de cette pointe, de fon fiffle-ment & du foulèvement de la meule, on a imaginé de faire faire le pas ou la crapaudine d'un métal compofé de cuivre, d'étain fin & de régule d'an-timoine fondus enfemble ; ces crapaudines durent beaucoup plus longtems, &, pour les ménager encore, on a foin, chaque fois qu'on fait recharger d'acier la pointe du gros-fer, de le faire tourner pendant huit jours fur une crapaudine d'acier pour le polir, l'adoucir, afin que fon frottement fur le pas métallique foit enfuite plus doux. Quoique cette crapaudine de métal foit meilleure, on fe fert encore généralement de celle d'acier.

Les meules. Il y a dans un Moulin deux meules placées horifontalement l'une fur l'autre ; la meule inférieure eft à demeure, & fe nomme la *meule giffante* ou le *gite.* La meule fupérieure eft mobile & tourne fur l'autre ; on la nomme par cette raifon la *meule courante.*

Il faut beaucoup de connoiffances théoriques & pratiques pour bien choifir les meules.

En général, elles font médiocres lorfqu'elles font rougeâtres, noirâtres & à grands trous, &

elles font bonnes lorfqu'elles font à petits trous
& bien perfillées ; on en trouve de femblables à
Clerac, Nerac & Bergerac. Il y a aufli dans ces
Provinces une autre efpèce de pierre dont on
fait des meules plus tranchantes, & qui fervent
à moudre enfemble le feigle, le maïs ou bled de
Turquie, les pois & les fèves dont les pauvres
font leur pain dans ces Provinces. Ces meules
font fi tranchantes qu'elles ne donnent que quinze
à vingt livres de fon par quintal de grain.

Les meule de la Ferté fous Jouarre, en Brie,
font les meilleures pour la mouture des bleds
feptentrionaux, elles développent mieux le fon au
broyement ; il y a encore d'affez bonnes carrières
de pierres à faire des meules à Montmirail &
fur les frontières de la Champagne, mais elles
ne font pas fi bonnes que celles de la Ferté fous
Jouare.

Il y a une autre carrière à meulière à Oulbec
en Normandie ; la pierre en eft trop tendre,
elle fait la farine molle & lourde, cependant
étant bien choifies, ces meules feroient un bon
moulage pour les bleds étuvés & très-fecs. J'ai
vu employer les meilleurs meules d'Oulbec en
gite avec une meule courante de la Ferté fous
Jouare ; elles faifoient un très-bon moulage.

La meule giffante doit être d'un grain blanc-
bleu foncé, plein & doux ; elle doit être moins

ardente ou moins tranchante que la meule courante
pour en soutenir l'effort.

Une meule ardente est une meule coupante par
ses inégalités naturelles & par celles qu'on y a
faites en la piquant. Les meules sont plus ardentes
à proportion que la pierre dont elles sont composées est plus dure, & qu'il faut les rebattre,
repiquer, ou rhabiller moins souvent. C'est la
quantité & petitesse des trous qui rendent une
meule bien ardente. Ces petits trous, en terme
de meunerie, se nomment *éveilleures*; ainsi une
meule bien éveillée est une meule bien ardente.
Une meule à petits trous s'éclate moins & prend
mieux son marteau.

Pour les meules ardentes, il faut préférer les
pierres meulieres blondes, œil de perdrix, un peu
transparentes, semées de petites parties bleues &
blanches & de petits trous, parce qu'elles sont plus
serrées & plus approchantes de la nature du
caillou.

Comme les meules d'un grain égal sont très-
rares, & que la plupart se trouvent mêlées de
veines dures & tendres, de grands & petits trous,
on est obligé de retravailler ces meules, qui, après
ce travail, ne sont pas toujours sans défauts. Les
fabricans de meules en composent de plusieurs
morceaux semblables, qu'ils choisissent, appareil-
lent, lient & mastiquent ensemble avec du plâtre.

C 2

Ces meules font excellentes lorfqu'elles ont été compofées avec foin ; mais le plâtre employé pour les maftiquer, retenant beaucop d'eau, ces meules font plus long-tems à fécher, & j'en parlerai encore à l'article du féchement des meules.

Lorfque les deux meules font également ardentes, cela défavantage le moulin ; il tourne en approchant au lieu de tourner en allégeant, ce qui rougit la farine & les gruaux par les particules de fon qui s'y mêlent : on confomme le grain en recoupes

Les deux meules doivent être abfolument de même diamètre, autrement la plus large feroit ufée par le frottement de la plus étroite, ce qui lui feroit prendre des lèvres, faillies ou rebords qui empêcheroient la farine de s'échapper d'entre elles à fur & mefure du broyement, l'échaufferoient & la rendroient fableufe.

Des meules de fix pieds deux ou trois pouces de diamètre, fur douze à quinze pouces d'épaiffeur pour la meule courante, & de quinze à dix-huit pouces pour la meule giffante, font d'une bonne proportion pour un moulin qui doit moudre quinze à vingt fetiers par jour ; mais au-deffous de quinze fetiers, elles doivent être plus petites & moins lourdes, ainfi que toutes les autres pièces du moulin, dont la force doit être proportionnée à celle de la chûte & du courant d'eau.

Lorfque l'on a fait choix de bonnes meules, il faut les préparer, les faire fécher, les piquer, les monter, toutes opérations dont je traiterai lorfque j'aurai fait la defcription des autres pièces du moulin.

Les Archures. Lorfque les meules font bien montées, on pofe les *archures* autour d'elles. Les *archures* font une efpèce de coffre ou de caiffe ronde qui environnent les meules.

Les Couverçaux. Les planches avec lefquelles on couvre & ferme cette caiffe, fe nomment les *couverçaux* ; elles doivent être bien jointes & bien clofes ; pour empêcher l'évaporation de la farine.

Les Trémions, Porte-trémions & Frayon. Au-deffus des archures, on place les *tremions* ou chevrons qui foutiennent la trémie & les *porte-trémions* ou fuppors des trémions, au milieu defquels eft le *frayon* qui doit être dans le milieu de l'œillard. Le frayon eft une efpèce de pignon incrufté dans le bas au corps de l'anille & qui frotte contre l'*auget* pour faire tomber le bled.

L'*Auget* eft une boîte longue inclinée & placée fous la pointe de la trémie, pour recevoir le bled & le conduire dans l'œillard ; il doit être bien fufpendu fans toucher au cul de la *trémie*, pour qu'il puiffe bien fe régler à prendre également le bled ou le gruau quand on le remoud.

La Trémie eſt un entonoir quarré de bois, dans lequel on verſe le grain ou le gruau. Il doit être placé bien directement ſur l'auget. Faute de cette précaution, on riſque de faire aller le moulin à *deux airs*, c'eſt-à-dire plus ou moins fort, ce qui fait battre le frayon plus ou moins fort contre l'auget. Cela arrive quand le moulin prend plus ou moins de bled alternativement. Lorſque le Garde-Moulin entend que le moulin va à deux airs, il élève ou baiſſe l'auget par le moyen de deux ficelles, dont l'une ſe nomme le *bail-bled*, pour donner plus de bled ſi le moulin va trop vîte, ou pour en diminuer la chûte, ſi le moulin va lentement, afin d'alléger les meules ; mais, dans tous les cas, il aura grand ſoin que l'auget ne donne pas ſon bled alternativement & par ſecouſſe.

Le moulin va auſſi à deux airs quand la meule courante a des lourds ou des queux par leſquelles elle déborde, ou bien quand la roue qui prend l'eau eſt inégale & qu'elle paſſe plus vîte dans un tems que dans un autre, ou que le tourillon n'eſt pas dans le plein milieu de l'arbre tournant, ou qu'il eſt trop lâche, ce qui donne des ſecouſſes & fait aller le moulin à deux airs, à quoi on remédie par les moyens que je dirai à l'article de la monture des meules.

Il faut enſuite placer l'anche convenablement.

L'Anche eſt un conduit de bois ou de fer-blanc, en forme de languette, qui ſert à conduire le bled moulu dans le *bluteau*. Il faut que l'anche ſoit bien en pente, pour que la farine tombe facilement dans le bluteau & qu'elle ne remonte point dans les meules, ce qui les engraiſſeroit & échaufferoit le moulin.

Une meule s'engraiſſe ou *prend crappe* quand la farine, ſuffiſamment affinée, paſſe pluſieurs fois ſur la meule giſſante & s'y arrête, ce qui fait que la farine qui vient après gliſſe deſſus ſans recevoir ſa façon. Lorſque les meules ſont engraiſ-ſées, elles donnent la plus mauvaiſe mouture, le grain n'eſt qu'applati, le ſon n'eſt point écuré, la farine eſt graſſe, elle ſe corrompt facilement, elle fait peu de pain & il eſt mauvais.

La Huche. A côté & plus bas que les meules eſt une huche de ſept à huit pieds de longueur & de trois à quatre pieds de large, dans laquelle eſt un *bluteau* à trois grands lés ou à quatre petits lés d'étamine façonnés en forme de ſac, dont l'ou-verture eſt couſue par un bout ſur le cerceau qui joint au trou de la huche par où ſort le ſon qui tombe dans l'anche, laquelle conduit dans le do-dinage ou dans la bluterie cylindrique placée dans la partie inférieure de la même huche.

Dans le haut de cette huche, on place un *pa-lonnier* ſupporté par des accouples de fer, de cuivre, ou même de corde, qui tiennent à la huche & au palonnier.

Le Palonnier eſt un morceau de bois blanc bien ſec & bien léger, d'environ quatre pouces de largeur ; il ſert à ſoutenir la corde du bluteau qu'il doit déborder aux deux bouts, tant à cauſe des accouples qui le ſoutiennent par des cordons, qu'à cauſe des *paſſemens* qui font le tour du palonnier.

Les Paſſemens ſont la partie du cordeau qui ſoutient le bluteau, renforcé d'une longe de cuir de Hongrie qui doit aller le long du bluteau & ſoutenir les attaches de cuir qui tiennent à la baguette. La dernière attache du bluteau doit être au bout de la baguette, & l'autre à environ quinze pouces de diſtance ; il eſt à propos que la longe de cuir ait déjà ſervi, afin qu'ayant fait ſon effet elle s'allonge moins.

Il faut réduire le palonnier à un pouce d'épaiſſeur entre les deux paſſemens, il ſera plus léger, & le bluteau tamiſera mieux ; il ſuffit qu'il ait de la force aux accouples & ſous les paſſemens.

Il ne faut pas mettre de paſſemens de l'autre côté des attaches, à moins que ce ne ſoit un moulin très-fort ; car quand le bluteau eſt fermé d'un paſſement des deux côtés, il ne commence ſouvent à bluter qu'aux attaches.

Les Bluteaux. Il y en a qui préfèrent les blu-

teaux à quatre petits lés & deux palonniers à
chaſſis, en ce qu'étant bien ouverts, ils doivent
mieux bluter; mais ces bluteaux ſont très-lourds
pour des moulins de moyenne force. Le poids de
deux palonniers à chaſſis ſurcharge trop, & un
blutage ne ſauroit être trop leſte. Quoi qu'il n'y
ait qu'un paſſement, on ne doit pas craindre que
le bluteau ſe déchire s'il eſt bien monté.

La pente qu'on donne au bluteau doit être d'environ un pouce par pied, c'eſt-à-dire qu'une huche
de ſix pieds doit avoir huit pouces de pente. Si
cependant le moulin va très-fort, on peut donner
quelques pouces de pente de plus au bluteau,
afin qu'il ne ſe charge pas tant & qu'il débite à
meſure que les meules travaillent. En conſéquence
auſſi, la groſſeur du bluteau doit être proportionné à la force du moulin.

Quand le moulin moud fort & vîte, le bluteau
doit être un peu plus gros, afin qu'il laiſſe paſſer
vîte la fatine. Un moulin qui affleure bien ſouffre
un bluteau plus gros, ſans que la farine en ſoit
pour cela plus biſe. La qualité & la fineſſe des
bluteaux doit auſſi varier ſuivant la ſéchereſſe des
bleds, ſuivant la piquure des meules, & ſuivant
qu'un bluteau eſt bien ou mal monté.

Pour les bleds ſecs, il faut des bluteaux plus
fins, il en faut de plus ronds quand ils ſont
tendres.

Des meûles piquées convenablement, bien dreſſées & bien montées, peuvent ſouffrir un bluteau
plus rond ſans pour cela faire rougir la farine.

On peut faire bluter également un bluteau de
deux échantillons plus fins l'un que l'autre, avec
le même bled & force égale de moulin ; cela
dépend de la bonne monture des bluteaux.

L'étamine ou étoffe de laine , à deux étains ,
dont on fait les bluteaux, ſe fabrique ſur-tout à
Rheims & en Auvergne ; elle porte un tiers ou
un quart de large. Il y en a douze échantillons
déterminés pour les bluteaux : ces échantillons
vont en augmentant de fineſſe depuis le numéro
11 juſqu'au numéro 42, c'eſt-à-dire qu'elles ont
depuis onze juſqu'à quarante-deux fils dans chaque
portée. Les derniers numéros ſont les plus fins ,
parce que plus il y a de fils dans une portée, plus
les intervalles entr'eux ſont étroits. On prend ces
derniers numéros pour les bluteaux ſupérieurs qui
tamiſent la fleur de farine, & l'on emploie depuis
le numéro 11 juſqu'au numéro 18 pour le dodinage ou bluteau qui doit tamiſer les gruaux &
recoupes.

Depuis pluſieurs années, les Fabricans d'étamine à Rheims en ont changé les numéros, de
manière que les Meûniers ne pouvant aller choiſir
celles dont ils ont beſoin, ils ſont fort embarraſſés
pour ſe les procurer par lettres ; ce qui cauſe des

erreurs & des pertes fréquentes, qui n'auront plus
lieu lorfque les Infpecteurs du Commerce & des
Manufactures voudront bien préférer l'intérêt pu-
blic.

Quelques Meûniers ont effayé de fubftituer des
bluteaux cylindriques de foie à ceux de laine,
mais il s'en faut bien que le produit en farines
blanches foit auffi avantageux tant pour la qualité
que pour la quantité. Après le remoulage des
gruaux qui, en grattant & frottant continuellement la foie, facilitent le paffage de la fleur,
ces bluteaux font engraiffés & ne tàmifent plus
ou très-peu, en comparaifon de ceux d'étamine.

On a fait dans un moulin l'épreuve de deux
bluteaux dans le premier étage d'une huche debout
de fept pieds de large fur fept à huit de long;
un babillard à *mont-l'eau*, & l'autre *avalant-l'eau*,
à côté de l'arbre tournant. Il y a auffi deux
anches qui à l'aide d'une couliffe adaptée à la
pièce d'enchevetrure, dirige la farine pour la faire
tomber également dans les deux bluteaux.

Le fecond bluteau eft & doit être plus fin que
le premier, attendu que la première anche du côté
de la pouffée de la meule, eft celle où eft la
couliffe & par où la fleur tombe toujours la
première. Par le moyen de cette couliffe, on charge
le fecond bluteau tant & fi peu que l'on veut; il
faut tenir ces bluteaux à trois lés bien ouverts,

avec des palonniers larges & ainſi qu'il eſt dit
ci-devant.

Avant cet arrangement , la huche de ce Moulin
étoit de travers au lieu d'être en long ; de ſorte
que , n'étant pas poſſible d'approcher le babillard
près les tourillons à cauſe d'un mur qui en em-
pêchoit , il falloit retirer beaucoup de bled au
Moulin pour faire bluter le bluteau , ce qui rou-
giſſoit la farine , & ce Moulin ne pouvoit moudre
alors que 37 ſetiers en 24 heures , au lieu que
depuis qu'il eſt monté de cette nouvelle façon ,
il peut moudre dans la bonne eau juſqu'à 55 &
60 ſetiers , & la farine eſt meilleure.

Il réſulte de cette obſervation que pour opérer
un pareil changement dans un Moulin , il faut
qu'il aille fort , & que les meules ſoient bien
ardentes à proportion , pour bien affleurer &
écurer les ſons , & cela parce qu'il faut augmenter
le débit du bluteau à proportion de la force du
Moulin ; toutefois , je le répète , la farine d'un
Moulin économique , qui moud 25 à 40 ſetiers ,
eſt de meilleure qualité que celle d'un Moulin qui
en débite juſqu'à 60.

Le dodinage. L'étage ſupérieur de la huche eſt
pour les bluteaux fins deſtinés à tirer la première
farine du bled ; on place dans l'étage inférieur de
la huche un *dodinage* ou bluteau lâche , d'une

étamine plus ouverte , & de deux ou trois groſſeurs pour ſéparer le gruaux & les recoupes.

Ce dodinage peut être fait & monté comme le grand bluteau , à l'exception que la lumière de la baguette ne doit point être à plomb à celle de la batte ; mais elle doit être percée un peu en équerre , ſuivant la lumière de la batte, c'eſt-à-dire , venant de la croiſée , afin de donner au bout de la baguette une plus grande diſtance de ſon moteur , ce qui donne plus de mouvement au dodinage , & le fait mieux tamiſer.

Si le grand babillard eſt comme on l'a dit , à mons-l'eau , celui du dodinage doit être avalant-l'eau , parce qu'il faut les poſer en ſens contraires.

Bluterie cylindrique. Dans tous les cas , ſoit qu'on ait une huche debout ou de plat , on doit préférer une *bluterie cylindrique* à un dodinage , ſur-tout ſi l'on viſe au blanc & à l'exacte diviſion des matières. Cette bluterie ſe met en mouvement comme on l'a dit ci-devant , par une lanterne emmanchée à l'extrémité de l'arbre tournant , & engrenant dans les dents d'un petit hériſſon poſé près les tourillons dudit arbre tournant , ou bien on ſuplée la lanterne & le hériſſon par deux poulies unies par un pignon engrennant dans les dents du grand rouet , & par des poulies de renvoi , ainſi qu'il eſt dit à l'article des bluteaux.

Avec cette bluterie , on a toujours un gruau

plus parfait qu'avec un dodinage ; mais il faut bien prendre garde que la bluterie ne fe gomme ou ne s'engraiffe par des gruaux trop mous ; ce qui arrive encore lorfque le bluteau fupérieur ne blute pas fuffifamment ou blute mal, parce qu'alors il tombe dans la bluterie cylindrique de la farine de blèd, ou de la fleur avec les gruaux, ce qui gomme la foie.

Pour parvenir à faire bien bluter un Moulin, il faut que le pivot du babillard foit placé fur le chevrefier du dedans ou à côté, & le plus près poffible, à fix ou huit pouces des tourillons de l'arbre tournant.

Premier Babillard. Le *babillard* eft une pièce de bois pofée perpendiculairement, & qui fe meut en bas fur un pivot, & en haut dans un collet de fer ou de bois dur attaché au béfroi ; il eft percé en haut d'une lumière ou trou quarré, par où paffe la baguette ou *clogne* attachée au bluteau.

Si le Moulin eft en-deffous avec une huche debout, il faut mettre le babillard à mont-l'eau ; fi c'eft un Moulin en-deffus, il faut placer le babillard avalant-l'eau ; enfin, fi la huche eft de plat au lieu d'être debout, le babillard doit être à mont-l'eau, le mouvement en eft bien plus doux.

Les Croifées. Il faut donner au babillard une

croifée ; cette croifée eft faite d'une tourte ou rond de bois d'orme , d'environ 22 pouces de diamètre , ayant trois bras égaux ; & à diſtance égale , de huit à dix pouces de long , en obſervant de percer dans le milieu la lumière ou le trou par où doit paſſer le fer du Moulin. Par cet arrangement , le blutage ſera régulier & doux.

Je dis qu'il eſt préférable de ne donner que trois bras à la croifée , parce que , lorſqu'il y en a quatre , & que le Moulin va fort , les coups trop fréquens caſſent ſouvent le bluteau qui n'a pas le tems de bien tamiſer , ſur-tout quand le Moulin paſſe vingt à trente ſetiers.

On peut faire la croifée de trois morceaux de jante de roue , elle ſera moins ſujette à ſe fendre que ſi elle n'étoit que d'une ſeule pièce ; on la conſolidera par le moyen de trois boulons de fer , de deux à trois pouces de tour , retenus chacun par un bon écrou , & qui prenne depuis l'aſſiete du deſſous de la lanterne juſques deſſus les bras de la croifée. Pour donner à cette croifée plus de ſolidité , on applique deſſus une équerre de fer qu'on arrête avec des écrous ; cette croifée rend le mouvement plus égal , plus doux , & ménage davantage le bluteau. En effet , à chaque coup de lanterne , la croifée heurte trois fois contre la batte , ce qui fait remuer trois fois le babillard , la baguette & par conſéquent le bluteau , & comme il faut que ce bluteau aille & vienne, il eſt evident que, lorſque le Moulin va vîte, le bluteau n'a pas le tems de revenir, & la farine ne ſe remue pas bien.

Batte & Baguette. Pour monter la *batte* & la *baguette* dans une juſte proportion, il faut appuyer la baguette d'un côté contre la huche, & meſurer la batte contre la batte de la croiſée, de façon qu'il y ait à-peu-près deux pouces de diſtance du bout de la batte au bout de la croiſée; on laiſſe alors revenir le babillard de manière que la batte prenne de quatre à cinq pouces ſur le bras de la croiſée, & l'on eſt ſûr alors que la baguette doit remuer la bluterie dans une juſte vîteſſe, & qu'elle ne peut toucher contre la huche en tournant, ce qu'il faut éviter avec ſoin.

Il faut que la force de la batte ſoit proportionnée à celle du Moulin, & même qu'elle ne ſoit pas ſi forte, parce que cette partie doit être leſte.

Second Babillard. On ajoute un ſecond *babillard* auprès du premier, quand on ſe ſert d'un dodinage ou bluteaux lâche, pour tamiſer les gruaux, en obſervant que, ſi le grand babillard qui donne la ſecouſſe au bluteau ſupérieur eſt à mont-l'eau, à côté de l'arbre tournant, il faut que celui du dodinage ſoit avalant-l'eau; ſi au contraire le grand eſt avalant-l'eau, l'autre doit être à mont-l'eau. Mais je conſeille de préférer

au

au dodinage une petite bluterie cylindrique qu'on fait tourner par le moyen d'une petite lanterne de vingt à vingt-deux pouces de diamètre avec, fuivant la force du Moulin, huit à douze fufeaux qui s'engrainent dans les dents d'un petit hériffon de vingt-quatre à vingt-cinq chevilles, pofé autour de l'arbre tournant, près les tourillons du dedans.

Si le bâtiment du moulin a un étage deftiné au nétoyage des grains, on pourroit monter un petit hériffon pareil à celui ci-deffus à l'autre bout de l'arbre tournant, en dehors ; cet hériffon, avec une lanterne adaptée, feroit mouvoir les cribles dans le grenier.

Cette dernière méthode du blutage eft très-bonne lorfque la huche eft debout, c'eft-à-dire lorfque les bluteaux font fur la même ligne que l'arbre du moulin ; mais fi la huche eft de plat, ou pofée en fens contraire de l'arbre du moulin, de manière qu'elle le coupe à angle droit, alors on pourra faire engrener une petite lanterne ou un petit hériffon dans les dents du grand rouet ; cette lanterne fera tourner à l'autre bout une poulie qui, par le moyen d'une corde, ira prendre l'autre poulie adaptée à l'arbre de la bluterie cylindrique, pour lui communiquer le même mouvement.

Pour la proportion de ces poulies, voyez ce qui en eft dit à l'article du nétoyage des grains.

D

§ I V.

Prix commun des Machines d'un Moulin économique.

On ne peut point déterminer le prix de la construction de la cage & des bâtimens d'un moulin à eau de pied-ferme, cela dépend de la grandeur plus ou moins confidérable de ces bâtimens, du prix de la main-d'œuvre, plus chère dans un pays que dans un autre, ainfi que des prix du bois, du fer, &c.

La roue & fon arbre tournant peuvent coûter 260 à 300 livres, fuivant la hauteur de la roue, la groffeur de l'arbre & les fers qu'on y met, ci . . . . 300 l.

Le rouet & la lanterne environ 200 à 250 liv. fuivant la hauteur du rouet, la qualité des bois, fon boulonnement, les ferrures de la lanterne, &c. ci 250

Le befroi peut être en maçonnerie.

Le palier, les deux braies & la trempure peuvent coûter 50 à 60 liv. ci 60

Le gros fer, l'anille, le pas ou la crapaudine, environ 150 à 200 liv. fuivant leur force, ci 200

Le chaffis à dreffer les meules, avec fes vis, chaffis de fer, poëlette de cuivre &

8 10

Ci-contre. . . . . 810 l.

crapaudine métallique ; le tout environ 60
à 80 liv. ci 80

Les deux meules, de bonne qualité &
bien mises en moulage, coûtent 800 l. à
1000 liv. ci 1000

Les cercles des meules, couvercles, trémions, porte-trémions, trémie, auget &
frayon, environ 200 liv. ci 200

Le huche & sa bluterie de dessous ou
dodinage, environ 90 à 100 liv. ci. . . . 100

Les bluteaux, de 15 à 24 liv. pièce, suivant leur finesse ; ci 48

Le babillard nud 15 liv. & ferré 30 liv. ci. 30

En y joignant les machines nécessaires
pour cribler & nétoyer les grains, il faudra une lanterne qui prenne dans le rouet,
un petit arbre de couche, poulies, cordages,
ventillateur, un cylindre d'environ douze
pieds de long sur deux & demi de gros,
garni de feuilles de fer-blanc piqué ; un
crible d'Allemagne, un crible des Chartreux ;
toutes ces machines peuvent coûter de 300
à 800 liv. suivant leur qualité, ci 800

TOTAL DES PRIX, environ . . . 3068 l.

D 2

§ V.

Précis des Opérations qui doivent précéder la construction d'un Moulin à eau de pied ferme.

Avant de conftruire un moulin à eau de pied ferme fur le bord d'une rivière, il faut niveler l'eau qu'on veut employer à le faire mouvoir, afin de voir à quelle hauteur on pourra faire gonfler cette eau à l'aide d'une éclufe, d'une digue ou d'une chauffée.

D'après ce nivèlement, on jugera du lieu où l'on doit placer le moulin & où la chûte d'eau fera plus convenable au propriétaire fans nuire à fes voifins.

Il faut niveler, mefurer l'eau, plutôt en été qu'en hiver ; mais il faut connoître auffi l'état de cette eau dans les faifons pluvieufes.

En mefurant le produit de l'eau, il faut la contraindre à ne s'écouler que par un endroit, afin de voir combien il en paffe de pieds cubes dans une minute, un quart d'heure, &c.

En tout état des chofes, à côté de l'éclufe qui doit foutenir l'eau deftinée à faire tourner la roue du moulin, il faut faire un déchargeoir, & même deux s'il eft befoin, pour faciliter l'écoulement du fuperflu de l'eau, fur-tout dans les tems de crues, & pour éviter de noyer les terreins voifins.

Quand on connoît la quantité d'eau dont on peut difpofer, la hauteur de fa chûte & fon poids, il faut voir fi la dépenfe qui s'en fera par un pertuis de largeur égale à la fuperficie d'une des aubes ou auges de la roue, ne l'excédera pas.

Quand l'eau n'eft pas abondante, on peut en augmenter la force en faifant le pertuis plus étroit, alors l'eau étant plus ferrée, fon cours eft plus roide, il a plus de viteffe & de force.

Lorfque l'eau n'eft pas affez abondante pour faire tourner la roue par-deffous, fi fa chûte le permet, on conduit l'eau au-deffus de la roue par une auge inclinée, dont l'entrée fe ferme avec une vanne de même largeur que l'aube de la roue.

Le col de cigne au faut du moulin doit être fait en chanfrein d'environ trois pouces, l'eau tombera plus roide fur les aubes qui fi le faut étoit droit.

Entre la vanne & la roue il ne doit y avoir que le moins d'intervalle poffible, afin que l'eau en fortant du pertuis, frappe les aubes & foit toute employée à faire tourner la roue, fans qu'il s'en perde.

La vanne mouloir aura de vingt à trente pouces de large, fuivant la force de l'eau ; car s'il y a peu d'eau, la vanne doit être plus étroite, & plus large au contraire s'il y en a beaucoup.

A la fuite de la vanne mouloir, fera conduit un glaffis, une reillière ou courfier en bonne pierre dure plate & en chaux vive, le fond & les côtés de même.

Il faut conduire la reillière depuis le bas de la roue jufqu'à vingt-quatre à trente pieds de longueur au-deffous, & même plus, s'il fe peut, & lui donner une pente d'environ un pouce & demi par toife, pour faciliter & précipiter le cours de l'eau, afin qu'elle fûie des aubes fans faire aucun obftacle.

Au lieu de faire cette conftruction en dales de pierres, on peut la faire en madriers de bois; mais alors elle dure moins.

Il faut que le courfier aille en s'élargiffant vers fes deux extrémités, pour faciliter l'entrée & la fortie de l'eau.

Il ne faut donner entre les bords de l'aube & le coffre du courfier que le jeu néceffaire pour le mouvement de la roue, afin que toute l'eau foit uniquement employée à la faire tourner.

Il faut que les aubes de la roue ne foient qu'en nombre fuffifant & qu'elles foient diftribuées de manière qu'elles ne fe nuifent point, qu'elles ne fe rejettent point l'eau les unes fur les autres, cela empêcheroit la roue de recevoir toute la force du courant de l'eau & retarderoit fon mouvement.

La viteffe de la roue & de la meule tournante eft toujours en raifon, 1°. de la puiffance motrice, ou de la force de la chûte & du courant d'eau qui les fait tourner. 2°. De la bonne diftribution, ajuftage & proportion des aubes ou auges. 3°. De la réfiftance de la meule par fon poids. 4°. De fon équilibre fur fon pivot. 5°. De la réfiftance du grain par fa dureté. 6°. De la réfiftance qu'occafionnent par leur frottement toutes les parties du moulin qui concourent à moudre le grain.

En général, la puiffance doit être plus forte que la réfiftance, afin de la vaincre; ainfi la roue, fon arbre tournant, les meules & toutes les autres pièces du moulin, doivent être proportionnées à la puiffance ou à la force de l'eau qui doit les faire agir.

J'ai vu deux moulins à côté l'un de l'autre, ils avoient la même chûte d'eau; l'un étoit d'une mécanique légère, fes meules n'avoient que cinq pieds deux pouces de diamètre & fix pouces d'épaiffeur; l'autre, qu'on nommoit le grand moulin, étoit d'une mécanique plus forte, fes meules avoient fix pieds quatre pouces de diamètre & fix pouces d'épaiffeur; la qualité des meules des deux moulins étoit à-peu-près la même, cependant le grand moulin faifoit un tiers moins d'ouvrage que l'autre.

Pour faciliter l'eftimation de la quantité de
fetiers de grain que peut moudre, en 24 heures,
uu Moulin économique bien dreffé, dont toutes
les pièces font en bon état, & dont on connoit
la force motrice, ou la quantité de pouces cubes
d'eau qui le fait mouvoir, je vais faire connoitre
la quantité de grain qu'ont moulu, dans un tems.
donné, deux Moulins économiques, l'un en deffus,
l'autre en deffous, bien conditionnés, & la quantité
de pouces cubes d'eau qui ont produit cette mou-
rure. Cette defcription fera peut-être plus inf-
tuctive pour les Meûniers que les favans calculs
des Hydrauliftes, d'ailleurs je ne puis & ne veux
dire que ce que je fais.

Moulin ayant l'eau en deffous.

Son avant bec ou glacis porte 35 pieds de
long fur fix de large à fon entrée, revenant à
17 pouces à la vanne mouloir.

La vanne mouloir a pareillement 17 pouces
d'ouverture, & dix pouces d'eau de hauteur près
la vanne.

La reillère ou le courfier, à la diftance de 18
pouces de la vanne mouloir, porte 15 pouces dix
lignes de large, fept pieds de long, & le furplus
qui eft de 24 pieds de long, fe termine à fon
embouchure à 30 pouces de largeur, enfin cette
reillère à 4 pouces de pente fur fa longueur.

Le faut ou la chute d'eau de ce Moulin eſt de 5 pieds 4 pouces, depuis l'aplomb de l'arbre tournant juſqu'à l'entrée du eol de cigne.

L'arbre tournant a 17 pouces de gros ou en carré.

La roue, y compris ſon aubage, a 14 pieds de diamètre ; ſavoir, 10 pieds & demi de ceintre, & 3 pieds & demi d'aubage, cependant les aubes n'ont que 21 pouces de long, mais elles ſont répétées deux fois ſur la ſuperficie de la roue.

Le rouet a 6 pieds 6 pouces & quelques lignes de diamètre, 6 pouces 6 lignes d'épaiſſeur, & 44 dents ou chevilles dont chacune a 5 pouces 4 lignes de pas ou de diſtance de l'une à l'autre.

La lanterne a 8 fuſeaux de même pas que les dents du Rouet.

La meule courante a 6 pieds 3 pouces de dia-mètre, ſur 11 pouces d'épaiſſeur. Toutes les pièces & ferrures de ce Moulin ſont de la meilleure conſtruction.

Ce Moulin, ayant dix pouces d'eau de hauteur à la vanne mouloir, fournit 170 pouces cubes à la roue ; ces 170 pouces d'eau ont moulu 120 livres de bled, poids net, en 58 minutes, ce qui fait 12 ſetiers & 99 livres de bled en 24 heures ; le ſetier peſant 240 livres.

Ce produit n'eſt pas le même depuis le com-mencement du rhabillage des meules juſqu'à ce qu'elles foient ufées. Ce produit eft celui du milieu du rhabillage, car. les premiers jours , la meule, étant plus coupante , moud plus de bled , & fur la fin du rhabillage , la meule , étant liffe, moud moins.

Il faut encore faire attention que ce produit eft auffi celui d'un bled qui n'eft ni trop fec , ni trop mou , car l'un & l'autre influe fur la qualité & quantité de la farine.

J'obferve encore que ce calcul eft appliqué à la mouture fur bled feulement, dont le fon ne pèfe qu'environ cinq livres le boiffeau , mefure de Paris , ainfi qu'il fe pratique ou doit fe pratiquer dans la mouture économique ; car fi l'on entend mouture économique finie , le calcul doit comprendre auffi le plus ou moins de fineffe des bluteaux. Si l'on emploie des bluteaux très - fins , & qu'on faffe moudre cinq ou fix fois les gruaux , cela allonge la mouture , & ne fait pas toujours la meilleure farine ; elle eft trop dilatée , elle perd fon goût de fruit, elle fe conferve plus difficilement , & le pain en eft moins bon ; ainfi je ne calcule que fur la mouture à bled , le remoulage des gruaux étant arbitraire.

Autrefois on comptoit la mouture fur bled comme les deux tiers de l'ouvrage fait ; mais depuis que le luxe emploie des bluteaux plus fins, la mouture fur bled n'eft guère que la moitié de l'ouvrage, & l'ouvrage en eſt moins bon, par les raiſons que je viens de dire.

Moulins en deſſus.

L'avant bec de ce Moulin a 35 pieds de long ſur 13 pieds à ſon entrée, & 5 pieds 6 pouces à ſon embouchure ; il y a 3 pieds d'eau de hauteur à l'entrée, & 1 pied près la vanne mouloir ; 7 pouces à la diſtance d'un pied de la vanne, & 4 pouces au milieu de l'auge.

La vanne moûloir a 27 pouces d'ouverture ainſi que l'auge qui ſe réduit à 26 pouces à ſon embouchure.

L'auge a 13 pieds de long, & 2 pouces 6 lignes de pente ſur ſa longueur.

La roue a 9 pieds de haut, 3 pieds 6 pouces de large, hors d'œuvre ; chaque côté, y compris la doublure, a trois pouces d'épaiſſeur ſur un pied de hauteur ; cette roue eſt chargée de 30 pots à culs-de-hotte, ayant chacun 17 pouces de haut, & 5 pouces de large, d'entrée & de fond.

L'arbre tournant a 15 pouces de gros.

Le rouet a 6 pieds 8 pouces de diamètre, 7 pouces d'épaiſſeur, 44 chevilles, & 5 pouces 5 petites lignes de pas.

La lanterne a 9 fuſeaux de même pas.

La meule courante a 6 pieds 3 pouces de diamètre, & 13 pouces d'épaiſſeur.

La vanne mouloir fournit à la roue 117 pouces
cubes d'eau , qui ont moulu 120 livres de bled en
23 minutes , & donne par conféquent , en 24
heures , une mouture de 31 fetiers , & 64 livres
de bled de bonne qualité.

J'obferve que l'avant bec de ce Moulin n'eft
point un glacis ordinaire , mais feulement un pont
qui précède la vanne , dont le fouliard ou les
pierres d'affife font à plus de trois pieds au deffous
de la ditte vanne , en forte que l'eau ne prend
fa rapidité qu'en fortant de la ditte vanne & dans
l'auge. Toutes les pièces & ferrures de ce Moulin
font d'ailleurs de la meilleure conftruction.

§ V I.

Préparation des Meules.

Avant d'employer les meules , il faut les travailler
ainfi qu'il fuit.

1°. Il faut les placer fur un plancher bien égal ,
& qui n'ait point de pente ; 2°. les niveler ;
3°. les bien dreffer des quatre faces ; 4°. en
déterminer & marquer le jufte milieu en mettant
une petite planche au milieu de l'œillard , avec
un bâton debout , bien droit , d'environ trois ou
quatre pouces de circonférence , ayant un petit
tourrillon dans le bas , afin de pouvoir tourner
dans le milieu de la planche pofée dans l'œillard ;
5°. le bâton fera auffi affujetti dans le haut du

plancher avec un tourillon , afin de pouvoir tourner fans fe déranger ni quitter le centre.

6º. On attachera enfuite au bâton une règle de la moitié de la longueur de la meule giffante ; le bout de la règle fera d'environ fix lignes plus bas fur la feuillure qu'à l'œillard , ce qui la rendra convexe.

7º. Pour la meule courante, le bout de la règle aura au contraire huit lignes de plus haut , ce qui la rendra concave.

On peut également fe fervir d'une règle qui auroit tout le diamètre de la meule , & qui feroit convexe d'un côté , & concave de l'autre.

8º. On fait tourner la règle à mefure qu'on bat la meule à blanc ; c'eft-à-dire , fans faire de rayons ; on rend ainfi les meules convexes ou concaves , avec toute la juftefle poffible.

9º. En deux riblages ou tours de meule fans bled , les meules , étant montées , fe trouveront bien frayées , adoucies & en état d'être rayonnées felon les règles données ci-après ; mais avant de monter les meules neuves , il faut les fécher , &, pour cela , voici comme il faut s'y prendre.

§ V I I.

Séchement des Meules.

Avant de monter les meules , il faut les laiffer fécher & meurir à l'air & à l'abri des injures du tems , pendant fix mois & même plus ; cette précaution eft effentielle ; elles travaillent mieux , la farine eft plus sèche. Les meules neuves , employées avant d'être parfaitement sèches , s'engraiffent , font une mauvaife mouture , une mauvaife farine , & plus mavaife encore lorfque les grains font humides.

La plupart des Meuniers n'achetant des meules que pour les employer auffi-tôt , & ne pouvant point attendre leur féchement naturel , je vais expliquer les moyens de les deffécher en huit jours. Il faut

1°. Que les meules foient battues à la règle , que l'une foit convexe & l'autre concave , ainfi qu'il eft dit ci-devant.

2°. placer & fceller la meule giffante dans les enchevêtrures.

3°. Placer fur cette meule , à diftances égales , quatre rouleaux de bois d'environ 15 pouces de haut , fur lefquels on pofera la meule courante.

4°. Placer , entre chaque rouleau , des terrines ou grands plats de braife amortie d'abord , enfuite moins amortie , enfuite un peu ardente , & enfin plus ardente , mais qui ne jettent jamais ni flamme , ni fumée.

5°. Ne point laiffer refroidir les meules , entretenir leur féchement par une chaleur douce & continuelle , qui les pénetre infenfiblement , &

éviter une trop grande chaleur qui les feroit éclater.

6°. couvrir les places qui fe trouvent entre les rouleaux & les terrines de morceaux de vieille étoffe de laine ou de toile, pour boire l'humidité des meules.

7°. changer fouvent de place les rouleaux & les terrines, afin que les meules fèchent également par-tout.

8°. Changer les étoffes auffi-tôt qu'elles font humides, ne point les laiffer fécher fur les meules, & les remplacer par d'autres qui foient feches.

9°. Lorfque les meules ne rendent plus d'eau, il faut les entourer avec de groffe toile, ou des facs de coutil, & laiffer les œillards des meules ouverts pour fervir de ventoufe, & attirer l'humidité plus promptement.

10°. Quand les meules ne rendent plus aucune humidité, &, 24 heures après, on peut les piquer & rayonner.

11°. Enfin, je le répète, il faut avoir attention de n'échauffer les meules que peu-à-peu, éviter une chaleur fubite, y entretenir toujours une chaleur douce qui les pénètre & les deffèche petit à petit; il faut bien éponger l'eau qu'elles rendent à fur à mefure qu'elles fuent; changer les étoffes dès qu'elles fout mouillées, les remplacer par d'autres qui foient feches, changer de place les rouleaux & les plats de braise aussi souvent qu'il est nécessaire.

Ce séchement est plus long pour les meules composées d'échantillons appareillés & mastiqués ensemble, parce qu'elles conservent beaucoup d'humidité, & qu'elles en prennent encore dans les tems humides & de dégel ; ainsi leur séchement doit être fait avec plus d'attention, & est absolument nécessaire avant de les employer à la mouture. Qu'on ne dise pas que les meules se sèchent à force de s'échauffer en tournant, en travaillant, car 1°. les meules étant humides, la première mouture les engraisse ; cette mouture est d'un moindre produit tant au Moulin qu'au pétrin, & le pain qui en provient est mauvais. 2°. La chaleur que produit la mouture, concentre l'humidité des meules au lieu de l'évaporer, & cette humidité ressort dans le repos du Moulin, & renouvelle l'engraissage des meules.

Pour entendre ce qui suit, il faut savoir qu'on distingue dans les meules quatre faces, savoir deux plats & deux bouts. Des *deux plats*, l'un se nomme *plat à mont l'eau*, & l'autre *avalant l'eau*.

Des deux bouts, l'un se nomme le *bout sur l'anche*, & l'autre le *bout sur la roue*.

Le *plat à mont l'eau* est le côté de la meule où l'une des fleurs de l'anille est posée, & qui regarde le côté d'où vient l'eau.

Le

Le *plat avalant-l'eau* eſt le côté oppoſé qui regarde l'eau qui fuit.

Le bout du côté où la farine tombe dans le bluteau, ſe nomme le *bout ſur l'anche*. Le bout oppoſé, qui eſt du côté de la roue du Moulin, s'appelle le *bout ſur la roue* ou ſur la tempane; on nomme *tempane* le mur du Moulin qui eſt du côté de la roue.

Les marques qu'on fait ſur l'anille & le papillon, ſont néceſſaires pour ne pas changer les aires; c'eſt-à-dire, pour reconnoître la poſition qui convient à la meule courante quand on la remanié.

Ainſi lorſqu'on dit qu'une meule doit être bien bordée de niveau ſur ſes quatre faces, cela ſignifie que la feuillure ou la partie qui avoiſine les bords doit être plus pleine que l'entre-pied & le cœur.

On diſtingue le plat de la meule en trois parties; on nomme *feuillure* les ſix premiers pouces de la largeur de la meule près du bord.

De-là à un pied en avant vers le cœur, cette largeur d'un pied ſe nomme l'*entre-pied* de la meule, & le reſte, juſqu'à l'œil ou trou de la meule, ſe nomme le *cœur*.

Le cœur de la meule concaſſe le bled.

L'entre-pied le rafine & forme le gruau.

La feuillure, lorſqu'elle eſt bien bordée de niveau, allonge la farine, & détache le ſon.

§ VIII.

De la manière de rayonner & rhabiller les Meules.

Pour bien piquer, rayonner & rhabiller les meules, il faut au Meûnier autant de raisonnement que d'expérience. Excepté dans Paris & dans ses environs, on a la mauvaise méthode de piquer les meules à coups perdus. On en verra ailleurs les désavantages; voici comment doit se faire cette opération.

Les habiles Meûniers piquent leurs meules en rayons de douze à quinze lignes de large au bord de la feuillure, & allant toujours en diminuant vers le centre à quelques pouces de l'anille. Ces rayons sont communément à deux pouces de distance l'un de l'autre. Au surplus, la force des rayons dépend de la qualité des meules, de celle des saisons, du plus ou moins de sécheresse des grains, & de leurs différens mêlanges dans la mouture.

Si la meule est ardente, le rayon peut avoir la largeur ci-dessus indiquée; mais il faut le réduire à dix ou douze lignes, si la meule est pleine & peu remplie de trous.

Le Meûnier doit proportionner le rhabillage à l'ardeur de ses meules, à la force de son moulin, & à la qualité des grains à moudre; il aura soin que la feuillure soit bien garnie & qu'elle ait du corps, parce que cette partie souffre les coups de la trempure & fatigue le plus.

Lorsqu'on repique ou rhabille les meules, il faut faire enforte que les rayons ne faffent qu'effleurer la rhabillure ; c'eft-à-dire, que les rayons doivent être plus élevés au-deffus du plan de la meule, car, s'ils l'excédoient, il en réfulteroit un bourdonnement capable d'échauffer les meules, elles agiroient en approchant, au lieu d'alléger, & feroient un fon fin qui fe mêleroit avec la farine.

L'épaiffeur d'une feuille de papier fuffit pour une bonne rhabillure ; quand elle eft trop ouverte, c'eft-à-dire, quand l'outil eft trop marqué fur la meule à côté du rayon, elle fait la farine moins douce.

Pour le moulage plein & ferré, qui ne convient qu'aux Moulins foibles, le rhabillage au cœur & à l'entre-pied feulement doit être plus foncé.

Dans une année pluvieufe, lorfque les grains font humides, il convient de tenir les rayons moins larges que pour les bleds fecs, le fon s'écure mieux.

Il faut auffi un rhabillage différent pour les feigles, méteils, &c., que pour le froment, ainfi qu'on le verra aux articles de la mouture des bleds humides, des bleds très-fecs, & des menus grains.

Tout ce que j'ai obfervé jufqu'ici fur le rayon-

nement des meules , ne regarde que les Moulins,
de moyenne force dans lesquels on moud , en 24
heures , depuis 10 jusqu'à 30 & 35 setiers sur
bled ; c'est-à-dire , sans remoudre les gruaux , car
pour les Moulins qui vont très-fort , & dans
lesquels on moud de 30 à 50 setiers & plus, en
24 heures , il faut que les rayons ayent depuis
deux pouces & demi jusqu'à trois pouces & demi
de distance l'un de l'autre , & proportionellement
à l'augmentation de la force du Moulin. Il faut
en même tems bien ouvrir le cœur & l'entre-
pied pour faciliter l'entrée du bled dans les meules ,
& pour éviter que la farine s'échauffe.

On rhabille les meules plus avantageusement &
plus commodément avec des marteaux à six pannes
ou dents , dont la tête a environ 18 à 20 lignes
de long sur 15 de large ; avec ce marteau , un
homme fait autant d'ouvrages que trois. Avec le
côté de ce marteau qui n'a qu'une pointe , on
taille les rayons & les parties dures de la meule.
Cette rhabillure n'éclate point la pierre ; elle est
plus douce & supérieure à toute autre ; sur-tout
pour les meules très-ardentes , car , pour celles
qui le font médiocrement , les marteaux simples
& ordinaires font préférables , ils font la rhabillure
plus nette.

Quoique la piquure des meules en rayons soit
recommandée comme la meilleure , cependant il

y a des meules molles, telles que celles dont on
se sert en Périgord, en Poitou & autres Provinces,
qu'il vaut mieux rhabiller à coups perdus, parce
que les rayons sur ces pierres molles, ne faisant
qu'applatir seulement le bled, la farine sort grasse,
& le son reste chargé de farine, à moins qu'on
ne fasse des rayons très-fins, & à un pouce de
distance l'un de l'autre, & quoique ce rhabillage
donne quatre fois plus d'ouvrage qu'un autre, je
le préfère.

Il faut observer que les meules molles, piquées
à coups perdus, ne peuvent moudre que le bled
seulement, & qu'il faut absolument des rayons
pour moudre les gruaux & pour en enlever la
pellicule ; sans quoi la farine est grosse, molle,
compacte, mal évidée, suivant les expériences qui
en ont été faites en Périgord & en Poitou.

Les meules ordinaires, qui ont depuis cinq jusqu'à sept pieds de diamètre, sur douze, quinze &
dix-huit pouces d'épaisseur, durent environ trente-
cinq à quarante ans. Cette durée des meules dépend
toutefois de leur dureté, de la manière dont elles
ont été montées, rhabillées & soignées, de la
manière de moudre plus ou moins gros ; enfin,
de la force des moulins, de la qualité des grains
& de l'intelligence des Meûniers. Lorsque les
meules ont tourné long-tems, & que leur épaisseur est considérablement diminuée, on les taille

E 3

de nouveau, pour leur donner une furface oppofée à celle qu'elles avoient, & les faire fervir de meules gliffantes encore plufieurs années.

Ces détails prouvent combien il eft effentiel de favoir rhabiller & rayonner les meules à propos, & cet art eft prefque inconnu.

Ces détails, toutefois, ne concernent que la *mouture à blanc*, qu'on nomme auffi mouture des riches ; mais comme un Meûnier doit favoir pratiquer toutes fortes de moutures, & travailler pour les pauvres encore mieux que pour les riches, j'indiquerai aux articles des différentes efpèces de moutures, les différens rhabillages qui leur conviennent.

On a confeillé de piquer les meules en rond, en commençant le premier cercle à l'œillard, en continuant jufqu'à l'extrémité de la feuillure & en laiffant entre chaque cercle une diftance égale.

Je n'approuve point ce rhabillage pour la mouture économique, & je doute que ceux qui l'ont confeillé en connoiffent bien les procédés & les réfultats.

Ma critique eft fondée fur ce que par cette rhabillure, les produits du bled refteroient dans les meules plus long-tems que par le rhabillage en rayons du centre à la circonférence, & s'y échaufferoient.

'Ce rhabillage pourroit cependant être bon à

quelque chofe; mais ce n'eft point ici le lieu d'en parler.

§ I X.

Monture des Meules.

Avant de monter la meule giffante, il faut bien dreffer l'arbre tournant, c'eft-à-dire, mettre les tourillons vis-à-vis l'un de l'autre.

Mettre la roue bien jufte dans la reilliere au faut de l'eau.

Pofer la meule giffante bien jufte fur le béfroi.

Jetter un niveau fur les quatre faces, & un autre niveau par le milieu de l'œillard, qui tombe jufte au milieu de l'arbre tournant, c'eft-à-dire, entre les deux tourillons.

Prendre garde que la meule giffante ne foit enfoncée dans les enchevêtrures, ce qui feroit rougir la farine.

Monter la boîte & les boîtillons qui doivent contenir la fufée dans l'œillard du gîte : prendre garde que la boîte foit bien droite dans le milieu de la meule giffante.

Après avoir monté les boîte & boitillons, & mis la fufée dans le plein milieu de l'anille de la meule courante, on dreffe le rouet, & l'on effaye quelques tours pour faire engrener les dents bien égalemement dans la lanterne. Il faut faire enforte que le rouet paffe bien & qu'il embraffe jufte fon fuseau, sans cela il cahotteroit; ce cahottement feroit pencher la meule & feroit un son dur.

On s'occupe ensuite de la meule courante, en la supposant piquée & rayonnée selon les principes ci-devant expliqués; on la pèse, on la dresse de niveau; en la pesant, on examine si elle a des lourds, c'est-à-dire, si elle pèse plus d'un côté que de l'autre, parce qu'elle peut être plus compacte d'un côté que de l'autre, ou parce qu'elle peut avoir intérieurement de grands trous qui empêchent l'égalité du poids.

Les lourds occasionnent beaucoup d'inconvé-niens; 1°. la pente qui fait user les meules plus d'un côté que de l'autre; 2°. ils font étrangler la fusée du haut en bas, c'est-à-dire, qu'ils l'usent plus d'un côté que de l'autre par un plus grand frottement, ce qui produit dans le bas de la fusée des lippes, lèvres ou rebords qui font soulever, bourdonner & grener la meule en allongeant. Si les lippes ou lèvres se trouvent dans le haut de la fusée, elles portent sur les boîtillons, elles échauf-fent le fer & gênent l'approchement des meules.

Pour connoître les lourds, on met la meule courante sur un pointal, pour la contre-peser.

Le Pointal est un morceau de fer en forme de pain-de-sucre, qu'on met à la place du fer sur les boîtillons, & qui fait le chandelier à la place de la fusée. On met ensuite dans l'œil de l'anille un

morceau de fer concave, en chandelier, qu'on y
affujettit. On y fait entrer de force un petit morceau de bois bien dur, dans lequel on fait un
trou avec une tarière pour y faire entrer le bout
du pointal ; alors on met la meule fur le pointal ,
& on le fait tourner pour voir de quel côté font
les lourds.

Quand on a remarqué les lourds, on y coule
du plomb fondu ou du plâtre fur la partie la plus
légère, jufqu'à ce qu'elle foit égale en poids à
l'autre partie.

On abbat les lippes que les lourds ont pu former fur la fufée quand les meules ont déjà tourné,
car quand elles font neuves il n'y a point de lippes,
& quand la fufée eft bien arrondie, on la place
dans le plein milieu de la meule giffante, & on
fait entrer le papillon dans le trou quarré de l'anille
fixée à la meule courante ; enfin , on fait faire
quelques tours à la meule pour vérifier s'il n'y a
plus de lourds.

Il faut que la meule giffante foit bien bordée
de niveau fur les quatre faces, c'eft-à-dire, qu'elle
foit égale par les bords.

Quelques Meûniers font dans l'ufage, en bor-
dant les meules, de ménager deux lignes de pente
fur l'anche, pour faciliter la chûte de la farine ;
mais cette pente doit être prefqu'infenfible , & il
eft mieux de bien border les meules de niveau.

Le bord de la meule giffante doit être plus haut que les enchevetrures, ou les pièces de bois qui la foutiennent, dans lefquelles elle eft encadrée & affujettie avec de la maçonnerie dans les angles.

Il faut que la meule giffante foit *boudiniere*, c'eft-à-dire, convexe de trois ou quatre lignes au cœur, en allant toujours en diminuant & venant à rien à la fin de l'entre-pied.

La meule courante doit au contraire être *flaniere*, c'eft-à-dire, concave proportionnellement à la convexité de la meule giffante & dans la même étendue, & pour que cela faffe plus d'effet, il faut que la meule courante foit un peu plus concave que la giffante n'eft convexe, afin de donner au grain la facilité d'entrer dans les meules & qu'elles puiffent bien prendre le bled également.

Pour mettre la meule courante en bon moulage, il eft effentiel de bien mettre l'anille dans le plein milieu de la meule, fans cela elle cahotteroit & feroit la queue, c'eft-à-dire, qu'elle déborderoit d'un côté.

La meule courante, pour bien opérer, doit être pofée bien droite, excepté lorfque le moulin eft en-deffus; alors le fer doit avoir un peu de pente avalant-l'eau. Il faut au contraire que la pente du fer foit à mont-l'eau lorfque le moulin eft en-deffous. Cette pente du fer n'eft utile que pour foutenir le poids de l'eau lorfque les chevilles du rouet prennent les fufeaux de la lanterne & qu'il s'agit de mettre le moulin en mouvement; car chaque coup de rouet contre la lanterne, frappant le fer par en-bas, redreffe fa pointe par en-haut, & par conféquent la mèule dans le fens oppofé où le rouet frappe le fer. Il faut en même-tems avoir attention que cette inclinaifon du fer foit proportionnée à la force du mouvement du moulin, c'eft-à-dire, qu'il faut incliner le fer de huit à dix lignes pour un moulin de moyenne force ou qui moud 15 à 25 fetiers en vingt-quatre heures, & en fuppofant que le rouet & la lanterne marchent bien, car fi leur marche eft gênée, la pente doit être un peu plus lourde. En général, pour un moulin qui marche très-bien, le fer doit avoir moins de pente, attendu qu'il ne fait point de faut.

La plupart des Meûniers, fous prétexte d'empêcher leur moulin de s'échauffer, ouvrent trop leurs meules & ne leur font commencer à prendre bled que vers la fin de l'entre-pied, où le grain coule entier fans avoir été caffé; en conféquence, la feuillure trouve à travailler tout-à-la-fois gruau, fon & farine, & le tout fe fait mal.

Si dans les meules il n'y avoit que la feuillure qui dût travailler, il feroit inutile de leur donner fix pieds deux ou trois pouces de diamètre.

La meule doit faire à la fois trois opérations de mouture; en fortant des bras de l'anille & à quelques pouces plus loin, la meule doit commencer à caffer le bled, c'eft l'ouvrage du cœur; enfuite le bled fe rafine à l'entre-pied, qui fait le gruau; enfin, il tombe à la feuillure, qui ne fait plus qu'écurer, rouler le fon & faire la fleur.

Lorfque chaque partie de la meule fait ainfi fon ouvrage, un moulin va toujours en allégeant: il faut cependant obferver, 1°. qu'un moulin qui va très-fort doit être un peu plus ouvert & en proportion de fa force, afin d'empêcher qu'il s'échauffe: 2°. que fi le moulin eft très-fort, & les meules très-ardentes, il eft à propos qu'elles commencent à caffer le bled un peu plus loin de l'anille que dans un moulage plein, fur-tout lorfque l'on veut faire des farines très-blanches; par ce moyen, le bled n'eft pas tant haché, ni le gruau rougi, ni la farine piquée de fon.

La meule courante, en tournant, fait deux mouvemens à la fois: en tournant fur fon pivot, elle hauffe & baiffe alternativement, parce que le palier fur lequel porte fon pivot eft élaftique & fait l'effet du reffort; il fléchit & fait fléchir la meule lorfqu'elle écrafe le bled, il fe relève & relève la meule lorfque le bled eft écrafé; en même-tems la viteffe de la meule agite fortement l'air, qui chaffe la farine hors des meules.

Lorſque la meule courante eſt un peu trop ardente, on peut en diminuer l'ardeur en garniſſant
les trous avec un maſtic de chaux-vive & de farine
de ſeigle délayés enſemble ; le moulin affleurera
mieux, c'eſt-à-dire, fera une farine plus allongée,
plus douce au toucher. La farine courte eſt celle
qui eſt dure au tact ; on l'éprouve encore plus ſû-
rement en en faiſant un peu de pâte avec de l'eau
dans le creux de la main ; ſi la pâte s'étend aiſément, la farine eſt bien allongée ; ſi elle ſe caſſe
& ſe déſunit facilement, alors la farine eſt courte.
Toute farine allongée fait toujours blanc ; la farine courte fait rouge & ne ſe conſerve point,
ſon œil rouge vient des particules de ſon qui s'y
ſont mêlées.

Pour faire une bonne mouture, il faut que
chaque coup de meule enlève l'écorce du bled,
ſans y laiſſer de farine.

La mouture ſera à ſon plus haut point de perfection, ſi l'on parvient à ne faire pour un grain
de bled qu'une ſeule écaille de ſon écorce, ſans y
laiſſer aucune farine.

Les meules des petits moulins, & ſur-tout les
meules giſſantes, ne doivent pas être ſi ardentes
que celles des grands moulins, parce que ces meules
n'ayant point leur mouture, c'eſt-à-dire, venant
à manquer de bled, ſont ſujettes à grogner ſi elles
ſont ardentes ; elles hachent le ſon, & il tache
la farine.

§ X.

Du nétoyage des Grains.

Le nétoyage des grains, qui doit précéder leur mouture, s'opère par quatre espèces de cribles, savoir; le crible normand, le crible cylindrique, le crible allemand & le tarare ou ventillateur.

Le Meûnier économe qui fabrique des farines pour son compte ou pour les vendre, doit faire usage de ces cribles, si son bled n'est pas nétoyé; mais, pour économiser la main-d'œuvre, il faut que le même moteur qui fait tourner les meules, fasse aussi tourner & mouvoir ces cribles, & pour cet effet, il faut que son moulin ait un étage supérieur dans lequel ces cribles soient placés.

Si je recommande cette pratique aux Meûniers qui fabriquent pour leur compte, ce n'est pas que ceux des moulins banaux ne doivent suivre également ces conseils; mais ils croyent avoir plus d'intérêt à hâter le moulage qui, bien ou mal fait, leur est également payé; au lieu que les Fabricans & Marchands de Farine sentent l'intérêt qu'ils ont à les perfectionner.

Dans le commerce on distingue trois qualités de bled, savoir; *bled de la tête, bled du milieu, & bled de la dernière qualité.*

Les deux premiers cribles divifent le bled en ces trois qualités.

En fuppofant donc qu'on ait acheté ou récolté du bled fale, voici comment on le nétoyera.

On fait d'abord ufage du crible normand, il eft de forme ronde, le fond eft une peau percée de trous plus petits qu'un grain de beau froment: Pour en faciliter l'ufage, on le fufpend avec deux ficelles attachées aux extrémités de fon diamètre.

Ce crible ne conferve que le gros grain, & laiffe aller le plus petit, ainfi que les mauvaifes graines. Ainfi, le tas formé par ce crible ne fert qu'à faire de petites farines bifes de dernière qualité, dont les Cultivateurs fe nourriffent, tant ils font pauvres, & dont ils nourriront leurs volailles lorfqu'ils pourront, felon le vœu d'Henri IV, avoir la poule au pot.

Un autre avantage de l'ufage de ce crible, c'eft que le coup de poignet fait venir du bord au-deffus du bon bled, la paille, les boufes, le bled mort, l'ergot & la cloque, c'eft-à-dire, l'enveloppe du bled charbonné, dont la pouffière fétide nuiroit à la qualité des farines & à la falubrité du pain, & par conféquent à la fanté.

Lorfque le coup de poignet a raffemblé toutes ces faletés au-deffus du bon grain, parce qu'elles font plus légères que lui, on les enlève à la main.

Le Marchand de Farine & le Boulanger, qui

achètent le bled tout nétoyé, peuvent se passer de
ce crible, & les cribles suivans peuvent leur suffire.

Après cette opération, on verse le grain qui n'a
pu passer par le crible normand, dans un crible
d'Allemagne.

Ce crible est composé d'une trémie dans laquelle
on verse le grain, qui se répand petit à petit en
nappe sur un plan incliné d'environ 45 degrés,
formé de fils d'archal rangés parallèlement & assez
près les uns des autres pour que les meilleurs
grains ne puissent pas passer au travers. Les mauvais grains tombent sur un cuir tendu à trois pouces
de distance sous le crible, & se rendent dans une
chaudière que l'on place dessous.

Ensuite le grain est versé dans un bluteau cylindrique. C'est un grand cylindre de 2 ou 3 pieds
de diamètre, garni alternativement de feuilles de
tôle piquées comme une rape à sucre, & de fils
d'archal, posées parallèlement pour laisser passer
les immondices & les graines plus menues que le
froment. Il est plus avantageux de piquer les feuilles
de fer-blanc une ligne d'un côté & une de l'autre
côté, afin qu'elle rape des deux côtés. On verse le
grain dans un trémie d'où il coule dans ce cylindre posé en pente qu'on fait tourner avec une
manivelle. Dans le trajet du cylindre, le bled est
gratté par les rapes ; la poussière & les petits
grains sortent par les grilles de fil d'archal, &

le.

bled fort clair & propre par l'extrémité du cylindre, & tombe dans la trémie d'un tarare.

3°. Le tarare ou ventillateur eſt un inſtrument
très ingénieux ; pour s'en faire une idée claire,
qu'on ſe figure un homme faiſant tourner avec la
manivelle une roue dentée en hériſſon, laquelle
engrène dans la lanterne qui eſt placée au-deſſus,
& qui fait tourner très-vîte les aîles & la petite
roue cochée qui, par le lévier, fait trémouſſer le
crible ſupérieur. Un autre homme verſe dans la
trémie du froment qui coule peu-à-peu ſur le
crible ſupérieur, un peu incliné vers l'avant. Ce
crible, en trémouſſant continuellement, tamiſe le
grain en forme de pluie ; il traverſe, en tombant,
un tourbillon de vent occaſionné par les aîles,
& tombe ſur un plan incliné où il y a un ſecond
crible qui ſépare le gros grain du petit.

Pour mieux faire connoître cet inſtrument,
nous ajouterons ce qui ſuit. On met le froment
dans la trémie, il en ſort par une petite ouverture à couliſſe ; au ſortir de la trémie, le grain
ſe répand ſur un premier crible, fait en maille
de laiton, aſſez large pour que le bon grain puiſſe
y paſſer. Ce crible ſe hauſſe & ſe baiſſe à volonté par le moyen de la roue dentée ; il reçoit un
mouvement de trémouſſement par un levier briſé,
auquel il eſt attaché, & dont le bout inférieur,
appuyé ſur les coches ou dentures de la roue, eſt

F

enarbrée à l'extrémité de l'eſſieu qu'on fait tourner avec la manivelle.

Le trémouſſement fait couler le grain peu à peu ; les corps étrangers, trop gros pour paſſer au travers des mailles , tombent par une extrémité en forme de nappe, ſur un plan incliné , qui les jette dehors. Ce qui a paſſé par le crible ſupérieur tombe en forme de pluie ſur un autre plan incliné , d'environ 45 degrés, où le grain trouve une autre grille ou treillis de fils d'archal , dont les mailles ſont un peu plus étroites que celle du premier , afin que le petit grain puiſſe tomber ſous la caiſſe , tandis que le plus gros ſe répand derrière le crible.

Sur un des côtés de la caiſſe eſt une manivelle qui fait tourner une roue dentée , laquelle engrène dans une lanterne fixée ſur l'eſſieu , faiſant mouvoir à ſon extrémité la petite roue cochée qui imprime le trémouſſement aux cribles. Le grand eſſieu, qui tourne très-vite au moyen de la lanterne , porte auſſi 8 aîles , formées de planches minces , qui font en tournant un vent conſidérable , qui chaſſe toute la pouſſière , la paille & les corps légers qui ſe trouvent dans le grain.

Quelques Meûniers ſuppriment le crible d'Allemagne & le bluteau cylindrique , & ſe contentent du ventilateur.

Le criblage & nétoyage du grain en augmenteroit la valeur s'il devoit être fait à main d'hommes ;

mais on peut faire mouvoir ces cribles par la même force motrice qui fait tourner la roue du Moulin & en même-tems, enforte que le même moteur nétoye le grain, le moud & blute en même-tems la farine, ainſi qu'on le verra ci-après.

Pour ces effets, on adapte à l'extrémité d'un arbre de couché ou horiſontal, d'environ trois à quatre pouces de gros, faiſant un angle droit avec le grand arbre tournant du Moulin, une petite lanterne de dix-huit à vingt pouces de diamètre, plus ou moins, ſuivant la force du Moulin, afin que les fuſeaux de cette lanterne, prenant les dents du Rouet, faſſent tourner l'arbre de couche, dans lequel ſont emmanchées trois poulies dans leſquelles on paſſe des cordes ſans fin qui correſpondent aux poulies des cribles & des bluteaux.

Ces poulies peuvent ſe prendre dans une même tourte de bois d'orme, quand la bluterie à ſon gras eſt directement ſous le tarare, lorſqu'elle n'y eſt pas, on place ſa poulie ſur l'arbre de couche, au droit de ladite bluterie, avec des poulies de renvoi. Les poulies de l'arbre de couche doivent être, autant qu'il eſt poſſible, directement au deſſous des poulies adaptées aux autres machines qu'elles doivent mettre en mouvement; car, ſi ces poulies ne pouvoient pas être placées directement les unes ſous les autres, il faudroit abſo-

lument fe fervir de poulies de renvoi, pour re-
gagner la perpendiculaire, ce qui eft très-facile.

La poulie d'en bas du tarare peut avoir trente
pouces de diamètre, & celle qui eft emmanchée
dans le tourillon de l'arbre tournant du tarare, doit
avoir douze pouces de diamètre ; celle de l'arbre
de couche, deftinée à faire mouvoir le cylindre
de fer-blanc, doit avoir vingt-quatre pouces de
diamètre, & celle emmanchée dans le bout de
l'arbre tournant dudit cylindre de fer-blanc, 28
pouces. On peut faire cette dernière poulie d'une
tourte plus épaiffe, afin d'y ménager une feconde
poulie de renvoi, qui ira faire tourner le grand
crible de fer pofé en fens contraire de celui de
fer-blanc.

La poulie, qui fait tourner la bluterie, doit
avoir 22 pouces de diamètre, & celle qui fera
emmanchée dans le bout de l'arbre tournant de
ladite bluterie, doit avoir 26 pouces de diamètre.

Tous ces diamètres & mefures peuvent varier
felon la force & la différence des Moulins, des
machines & des mouvemens ; mais ce qu'il eft
effentiel d'obferver, c'eft que la grandeur des
poulies doit être calculée fuivant la force des
Moulins, & que les cribles & bluteaux cylindriques doivent faire 25 à 30 tours par minute.

Si les cribles cylindriques vont trop fort ou trop
doucement, ils criblent mal.

Le tarare doit faire 80 à 100 tours par minute, s'il va plus vîte, il chasse le bon bled avec les criblures ; s'il va plus doucement, il ne nétoye pas bien le bled.

En général, si le mouvement est trop rapide, il faut tenir les poulies plus grandes en haut, ou diminuer celles du bas, cela rallentira le mouvement. Si le mouvement au contraire est trop lent, on diminue la poulie d'en haut, ou l'on en mettra de plus grandes en bas. Les poulies doivent être faites en pattes d'écrevisse ; c'est-à-dire que la rainure doit être large d'entrée, & aller toujours en diminuant, afin que les cordes serrent mieux, & tournent plus facilement.

Il faudroit aussi n'employer que des cordes qui eussent déjà servi ; elles sont moins dures & tournent plus rondement.

Les cordes se raccourcissent dans les tems humides, & s'allongent dans les tems secs. Pour remédier à ces inconvéniens, on met au bout d'une corde une patte de cuir de Hongrie, & une longe de même cuir à l'autre bout ; par ce moyen, on allonge ou raccourcit les cordes suivant le tems.

Si le tarare ne tourne point assez vîte, on raccourcit les cordes ; s'il va trop vîte, on les rallonge.

Cet arrangement est préférable, sans comparaison, aux rouages & aux petits hérissons qu'on pourroit employer dans ces cas , parce que les poulies coûtent bien moins , durent plus , & font faciles à faire , à conduire & à entretenir , au lieu qu'il faut un habile Charpentier Méchanicien pour exécuter un hériſſon qui eſt ſujet à ſe dérangér , plus difficile à conduire , & parce qu'enfin , avec des cordes & des poulies qui coûtent environ 48 liv. , on fait autant d'ouvrage qu'avec des hériſſons qui coûtent vingt à trente louis.

Telle eſt en général la méthode du nétoyage des grains , ſi négligé par les Laboureurs , excepté ceux de la Brie , de la Beauce , de l'Iſle de France & de la Picardie.

Voyons maintenant les procédés du blutage , puiſqu'ils ſe lient avec ceux du nétoyage des grains.

§ X I.

Procédés du Blutage.

Que les grains ſoient parfaitement nétoyés , que les meules ſoient de bonne qualité , qu'elles ſoient bien rayonnées , bien montées , bien dreſſées , que leur mouvement ſoit régulier , cela ne ſuffit point ; il faut que le blutage ſoit auſſi parfait , c'eſt lui qui donne à la mouture économique le degré de perfection qui la diſtingue de toute autre mouture.

Il y a déjà un grand nombre de Moulins économiques , mais la plupart pèchent par le blutage, dont l'art eft encore généralement inconnu. Tâchons d'en parler d'une manière inftructive.

Il ne faut pas que le blutage commande le Moulin en allant trop vîte ou trop lentement. Il faut que les bluteaux tamifent la même quantité de farine que les meules en font. Si le bluteau ne tamife pas auffi vîte que le Moulin moud, il faut relever l'auget de la trémie, pour empêcher qu'il ne tombe tant de bled dans les meules; alors les meules n'ayant plus une nourriture fuffifante, ou manquant de bled, le fon fe broie très-fin, fe mêle à la farine, la rougit, la rend bife & mauvaife.

Si au contraire le bluteau tamife plus vîte que le Moulin ne fournit, il tamife trop fec & laiffe paffer du fon avec la fleur.

Il eft donc très-effentiel que les bluteaux répondent à la fineffe de leur étamine & à la force du Moulin; il eft très-effentiel que les bluteaux & les meules foient d'un accord parfait.

En général, pour le blutage, il faut examiner:

1°. Si le babillard du bluteau fupérieur n'eft éloigné du tourillon de l'arbre tournant que de 6, 8 à 10 pouces au plus.

2°. Si la bluterie déchiroit les bluteaux, ou s'ils blutoient trop fort, il faudroit *débrayer* la boîte ou la baguette, pour rallentir & diminuer leurs coups.

F 4

Débrayer & *rembrayer*, c'eſt ſerrer plus ou moins la barre ſur la croiſée, ou ſerrer la baguette plus ou moins près de la huche du côté de la croiſée.

En général, plus on blute & plus on fait de farine blanche ; mais pour bluter, il faut que les gruaux ſoient fermes, autrement ils s'engraiſſent, au lieu que les bluteries ôtent aiſément les rougeurs.

La bluterie eſt encore d'une grande utilité lorſqu'il y a des recoupes qui ſont dures, ce qui eſt ſouvent occaſionné par une rhabillure trop foncée, ou par la nature du bled.

Le plus ſûr moyen pour avoir du blanc eſt de ſaſſer les gruaux gris, pour en ôter les rougeurs avant de les moudre ; quand ces rougeurs ont été ſéparées, on peut enſuite dans le moulage approcher les meules tant qu'on veut, pour atteindre les petits gruaux qui ont échappé aux premières moutures.

Le premier lés de la bluterie fait en dernier travail un gruau clair & fin, qu'on peut mêler en ſecond.

Le ſecond lés fait un ſecond gruau, qui eſt bon pour le pain bis-blanc, & une partie du reſte pour le bis. Au lieu qu'avec le dodinage les gruaux reſtans du remoulage ſont bien plus rouges & ne peuvent plus être employés qu'en bis.

Lorſqu'on veut remoudre les recoupes en em-

ployant un dodinage, on eft obligé d'approcher le
Moulin, ce qui le fatigue beaucoup & rougit beaucoup la farine qui provient de ces recoupes, au
lieu que par le moyen d'une bluterie, le Moulin
va toujours en allégeant, fans que l'on remette
les rougeurs fous la meule, ce qui fait la farine
des recoupes bien plus claire.

On trouve encore par le remoulage, au premier
lés de la bluterie, de petits gruaux bons à mettre
en bis-blanc, & le refte en bis, ce qui avantage
beaucoup un Moulin, parce que rien n'eft perdu
& qu'on ne remoud que ce qui eft bon à remoudre. Il eft vrai que cette méthode occafionne des
évaporations, mais on en eft amplement dédom-
magé par la qualité & quantité des farines. D'ailleurs, il ne faut pas perdre de vue qu'on n'entend
parler ici que d'un Moulin à blanc; car pour un
Moulin à bis ou à bis-blanc, le dodinage fuffit, &
on peut tirer par fon ufage la totalité des farines.

Lorfqu'on fe fert d'un dodinage, les gruaux, &
fur-tout les feconds, font fouvent mêlés de rougeurs que la bluterie fépare exactement; & quand
on fait remoudre ces gruaux, qui font durs &
petits, on eft obligé d'approcher les meules pour
pouvoir les remoudre, & l'on rougit la farine en
pulvérifant les rougeurs que le dodinage a mêlées
aux gruaux bis, ce qu'on évite avec la bluterie.

Sans rejetter le dodinage, on eft affuré par

l'expérience, que la bluterie fait les gruaux plus clairs. Quelques Meûniers se servent d'abord du dodinage pour dégraisser les sons gras, & ensuite d'une bluterie, & cette manière de travailler est très-bonne.

J'ai blâmé précédemment la méthode de ceux qui préfèrent les bluteaux de soie à ceux d'étamine, mais il s'agissoit alors du bluteau supérieur qui, dans tous les cas, doit être de laine, parce qu'il est destiné à tamiser la fleur de farine de bled, qui gommeroit la soie. Ici au contraire il ne s'agit que du bluteau inférieur pour les gruaux & recoupes, dont le bluteau supérieur a ôté la fine fleur de farine, grasse par elle-même, & qui a besoin d'une forte secousse pour être bien blutée, au lieu que la bluterie cylindrique suffit pour les gruaux secs & les sons durs.

D'ailleurs les soies, quintins ou canevas des cylindres à gruaux doivent être plus ouverts que ceux qu'on emploiroit à tamiser la farine de bled, &, par cela même, ils sont moins sujets à s'engraisser.

Ceux qui ont un emplacement assez grand, feront bien de laisser fermenter le son gras avant de le passer aux bluteries du magasin d'en haut, qui sont mis en mouvement par les poulies dont j'ai parlé ci-devant, &, si l'emplacement le permet, on fera bien d'avoir deux bluteries au-dessus l'une de l'autre, le gruaux fe fépare mieux, & le fon refte plus fec.

La théorie & la pratique que je viens de dé-crire, conviennent à tous les Meûniers, & ils ne peuvent faire une bonne mouture fans les pratiquer; mais les points capitaux, qui diftinguent la mou-ture économique de toute autre, confiftent en trois opérations effentielles; favoir : 1°. à bien nétoyer les grains avant de les moudre; 2°. à broyer les grains convenablement; 3°. à bien féparer, par les différens bluteaux, les farines des fons, recoupes & gruaux, pour pouvoir remoudre ces derniers féparément & à-propos, ainfi que je l'ai déjà dit & qu'on le verra dans le Chapitre fuivant.

§ X I I.

Développement des Procédés de la Mouture économique.

Le premier procédé confifte à cribler & nétoyer le bled avant qu'il tombe dans la trémie des meules.

Le fecond, à le moudre de manière qu'il ne puiffe ni s'échauffer, ni contracter aucune mauvaife qualité, ni fouffrir trop d'évaporation & de déchet.

Le troifième, à bluter en même-tems que les

meules travaillent pour féparer les diverfes qualités de farines & de gruaux.

Le quatrième, à remoudre les différens gruaux
pour en tirer de nouvelles farines.

La première Opération du nétoyage des bleds
fe fait en tranfportant les facs au fecond étage
du Moulin, où font les cribles. Deux Ouvriers,
l'un en bas l'autre en haut, font tout ce fervice.
L'un, avec une brouette, mène les facs jufqu'au
pied du mur du Moulin, & deffous la croifée
du grenier par où le fac doit entrer ; le fac arrivé,
il l'attache au crochet du cable qui doit l'enlever.
Auffi-tôt l'Ouvrier qui eft en haut, en tirant une
corde, fait engrener dans un rouet la lanterne
d'un treuil qui monte fur le champ le fac attaché
au cable ; lorfqu'il eft arrivé à la croifée du
grenier, l'Ouvrier lâche la corde pour défengrener
la lanterne ; il détache le fac, & le vuide dans
le grenier.

Le bled eft criblé deux fois ; la première, dans
le crible normand à la main, & le réfidu de
cette criblure forme là *derniere qualité du bled.*
La feconde fois, dans le grand crible cylindrique
qui nétoie encore le grain, & le fépare en fes
deux autres qualités, l'une dite *tête du bled*, &
l'autre *bled du milieu.* Enfuite il coule à travers
le plancher par un conduit, dans la trémie du

tarare, où il eſt éventé par les aîles du ventillateur qui le nétoie en chaſſant la pouſſière, les pailles, la cloque, les grains légers ou rongés par les inſectes, & ſépare, par ſes grilles, la plupart des grains étrangers. Enfin il tombe pur & net dans la trémie des meules.

Le nétoyage des grains peut ſe faire à peu de frais, ainſi que je l'ai dit ci-devant, & doit ſe faire au Moulin, s'il n'a pas été fait au grenier ni dans la grange.

La ſeconde Opération conſiſte à moudre le grain ſans échauffer la farine.

Les meules entre leſquelles le bled eſt introduit, ſont piquées en rayons réguliers ; elles ſont dreſſées ſelon la méthode ci-devant preſcrite pour les mettre en bon moulage ; ces meules bien montées & bien dreſſées, vont toujours en allégeant. Leur piquure, plus fine que celle des meules ordinaires, fabrique mieux la farine, ſans couper le grain, ni hacher le ſon. A quelques pouces de l'anille, le bled commence à être concaſſé, au milieu de l'entrepied, ſe font les gruaux ; enfin la feuillure affleure la farine, & écure le ſon.

Comme on doit remoudre les différens gruaux, on n'eſt point forcé de ſerrer ni de rapprocher les meules, comme dans la méthode ordinaire où l'on veut tirer tout le produit par une ſeule mouture. Ici au contraire le premier moulage eſt fort gai, la farine qu'il produit n'eſt point échauffée, & conſerve toute ſa qualité.

Par la troiſième Opération, on tamiſe la farine, & l'on ſépare les gruaux en même-tems que l'on moud, en accordant le blutage avec le moulage, ſuivant les principes expliqués ci-devant, afin que le bluteau débite ni plus ni moins que les meules.

La farine, mêlée avec ſes gruaux, ſon & recoupes, tombe, au ſortir des meules, par l'anche dans le premier bluteau placé dans la partie ſupérieure de la huche. Le bluteau reçoit ſon mouvement de la batte qui, en frappant ſur les bras de la croiſée placée ſur la lanterne, fait agir le babillard & la baguette attachée au bluteau.

La farine, qui paſſe par le bluteau, tombe dans la huche ; elle eſt d'une grande fineſſe, & a toute ſa perfection ; on la nomme *farine de bled*, parce qu'elle eſt produite par la mouture ſur bled, ce qui la diſtingue de la *farine de gruau* ; elle va à peu près à la moitié du produit. Le reſte du gruau moulu ſe nomme le ſon gras ; il ſort par le bout inférieur du premier bluteau, & tombe, par un conduit, dans un ſecond nommé *dodinage*, qui eſt plus gros & plus lâche que le précédent ; il eſt ordinairement compoſé de différentes groſſeurs d'étamine ou canevas, qui diviſent ſa longueur en trois parties égales.

Dans le Moulin entièrement monté selon la méthode économique, au lieu d'un dodinage on emploie une bluterie cylindrique qui est préférable, en ce qu'elle fait un plus beau gruau que ce dodinage. Cette bluterie s'emploie de même, & par préférence pour bluter les sons gras, ainsi que je l'ai dit ci-devant ; elle est garnie par tiers de soie ronde, d'un quintin & d'un canevas. Cette bluterie tourne par le moyen d'un hérisson dont les dents s'engrènent dans les fuseaux de la petite lanterne qui termine l'axe de la bluterie cylindrique, ou par des poulies.

Il doit sortir trois gruaux des divisions du bluteau inférieur, soit dodinage, soit bluterie cylindrique ; la première est le gruau blanc qui se trouve à la tête du bluteau ; la deuxième, le gruau gris qui se prend dans le milieu, & la troisième, les recoupes à l'extrémité du bluteau.

La quatrième Opération consiste à remoudre les différens gruaux pour en tirer de nouvelles farines.

Après que les blureaux ont séparé toutes les qualités, & que le Meûnier à mis à part la farine de bled, il rengrène les gruaux blancs trois fois séparément des autres espèces de gruaux, & toujours de la même façon ; mais en ne faisant

communément ufage dans tout le refte des opérations que du premier bluteau.

Je dis *communément*, parce que les Meûniers,
qui vifent à une grande qualité de blancheur,
laiffent encore paffer à chaque opération les gruaux
à travers les bluteries cylindriques ou le dodinage,
pour en extraire les rougeurs ou les parties de
fon qui s'y trouvent, d'où il réfulte que la feconde
& troifième farine de gruau font bien plus claires.

Le premier rengrenage du gruau donne une
farine fupérieure en qualité à la farine de bled ;
on nomme cette farine de premier gruau *blanc
bourgeois*, pour la diftinguer de la farine de bled
qu'on nomme *le blanc*; ce blanc n'eft pas plus fin
que le blanc bourgeois, mais celui-ci a plus de
corps & de faveur.

Le fecond rengrenage du reftant du premier gruau
produit une farine d'une qualité un peu inférieure
à la précédente, & le troifième rengrenage donne
une farine encore au deffous, mais fans mélange
de fon, parce que le gruau blanc n'en a point.

Le gruau gris fe rengrène féparément, & fe
moud légèrement pour en extraire, par un tour
de bluterie, les rougeurs ; de manière que la tête
de cette bluterie peut rentrer avec le gruau blanc
fous les meules.

Enfin le refte du gruau gris, après avoir été
repaffé

repaſſé ſous la meule, donne une farine biſe, mais
purgée de ſon, par l'attention qu'on a de moudre
les gruaux gris légèrement la première fois, &
d'en extraire le ſon par la bluterie.

Les farines de bled des premiers & ſeconds
gruaux, mêlées enſemble, forment le pain blanc
de quatre livres, qu'on vend à Paris.

Les recoupes ſe rengrènent de même ſéparé-
ment une ſeule fois, & produiſent une farine biſe
égale à-peu-près à la deuxième qualité du gruau
gris, & toujours ſans mélange de ſon. Comme
il tombe, à chaque opération du blutage, de gros
gruaux qui ont échappé à la meule, on les ramaſſe
encore pour les remoudre; c'eſt ce qu'on nomme
remoulage de gruaux. Il réſulte de la mouture des
derniers gruaux, un petit ſon qu'on nomme *fleu-*
rage.

Pendant ces différens moulages, il faut être
attentif à fixer l'aſſiette des meules, à en diriger
les mouvemens avec égalité, à les faire approcher
plus ou moins, afin d'empêcher, dans tous les
cas, que la farine ne ſoit courte & échauffée,
& pour qu'elle ſoit au contraire fraîche, allongée,
& qu'elle produiſe un gros ſon doux.

Pendant le premier moulage ſur bled, il faut
avoir ſoin de tenir la meule courante un peu
haute; c'eſt-à-dire, de ne pas la ſerrer beaucoup,
afin d'enlever la pellicule du grain, & de faire

G

de plus beaux gruaux ; il faut au contraire tenir
les meules plus ferrées lors de la mouture des
gruaux, vu que les parties font plus petites &
plus dures. Cependant, les meules bien rhabillées
demandent fouvent à alléger un quart-d'heure
après avoir pris fleur.

§ X I I I.

*Récapitulation des changemens fucceffifs qu'é-
prouve le bled pour donner fes divers produits
par la mouture économique.*

En fuppofant un Moulin à eau de pied-ferme,
ayant des greniers au-deffus pour le nétoyage
des grains, le bled, après avoir été enlevé en fac
dans l'étage fupérieur, y eft criblé & féparé en
fes trois qualités de *tête de bled*, *bled du milieu*,
& *bled de la derniere claffe*, par le crible normand, & le grand crible cylindrique ; de-là il
eft verfé

1o. Dans la trémie du tarare ou ventillateur qui
en enlève la pouffière & la balle, d'où il tombe

2o. Dans le crible d'Allemagne incliné, au bas
duquel eft un émoteux ; de-là

3o. Dans la trémie des meules qui le verfe par
l'auget agité par le frayon

4°. Dans l'œillard ou trou de la meule courante,
à travers les bras de l'anille, d'où il coule

5°. Sur le cœur de la meule giſſante où il ſe briſe.

6°. Enſuite dans l'entrepied des meules, où il s'affine & ſe forme en gruau ; de-là

7°. Dans la feuillure des meules où le gruau s'affleure par l'écurage des ſons, & ſe convertit en farine ; de-là

8°. Dans l'anche où la mouture entière eſt chaſſée par le mouvement circulaire des meules ; de-là

9°. Dans le bluteau ſupérieur de la huche qui ſépare la farine de bled du ſon gras ; la farine tombe dans la huche, & le ſon gras

10°. Dans le dodinage ou dans la bluterie cylindrique qui diſtingue le ſon gras & ſes trois gruaux & recoupes.

11°. Et enfin au bout du bluteau inférieur par où ſort le ſon maigre bien évidé de farine.

Quand on a retiré ces divers produits du grain, on met à part la farine de bled ou le blanc tiré par le bluteau ſupérieur ; enſuite on prend le gruau blanc pour le faire repaſſer ſous les meules, & le produit de ce premier gruau fait le même chemin que le produit du bled ; il donne, par le bluteau ſupérieur, une première farine bien ſupérieure à la première farine de bled ; on la nomme première farine de gruau.

Ce qui n'a pas paffé à travers le bluteau fupérieur fe remet encore fous la meule pour le remoudre une feconde fois, & l'on obtient la feconde farine de gruau, qui eft un peu moins blanche que la précédente.

Le réfidu de cette feconde farine de gruau fe repaffe une troifième fois fous la meule, lorfqu'on veut tirer la plus grande quantité de blanc ; mais ordinairement ce réfidu fe mêle avec le gruau gris, ce qui forme une troifième farine de gruau moins blanche encore que la feconde.

On paffe une feconde fois fous la meule le réfidu du gruau gris, pour avoir une quatrième farine qui eft bife, & l'on y mêle encore le produit des gruaux bis & des recoupettes, qu'on remoud une feule fois.

Il refte, à la fin de toutes ces opérations, un petit fon qu'on nomme fleurage ou remoulage de gruaux, qui eft bon pour empâter la volaille.

§ X I V.

Réfultat des Produits de la Mouture économique.

En exécutant tous les procédés de la mouture économique, ainfi que je viens de les décrire, un fetier de bon bled, pefant 240 livres, mefure de Paris, doit donner communément en totalité

de farines tant bifes que blanches,
ci . . . . 175 à 180 liv.
En fon, recoupes & iffues, environ 55
En déchet . . . . . . } 5 à 6
Poids égal à celui du bled. . . 240 liv.

Si la bluterie fupérieure fépare bien les iffues
du premier bluteau en trois gruaux, recoupettes &
recoupes, alors ces différens produits montent en
détail, favoir :

En fleur ou farine de bled. . 100
En farine de premier gruau } . 40
En farine de fecond gruau } envir. 20 } 180 liv.
En farine de troifième gruau } . 10
En farine de remoulage de gruaux
& recoupettes. 10
En fon de différentes efpèces. 55 } 60
En déchet. 5

Poids égal a celui du bled, ci . . 240 liv.

Par le remoulage de toutes ces fortes de qualités, on fait ordinairement quatre efpèces de
farine, favoir :

1º. La farine de bled ou le blanc.

2º. La farine de rengrenage de premier gruau,
nommée blanc bourgeois.

3º. La farine de fecond gruau que l'on mêle

G 3.

fouvent avec le blanc bourgeois, quand le Meûnier a eu affez d'adreffe pour moudre légèrement
le gros gruau, & pour en féparer les rougeurs.

4°. La farine bife qui réfulte du mélange des farines des derniers gruaux, remoulages & recoupettes.

Les fons reftans fe trouvent auffi de trois efpèces,
favoir : le gros fon ; les recoupes & le petit fon
ou fleurage.

Il y a beaucoup de variations fur les déchets,
fur-tout fi les farines ont été tranfportées de 5,
10, 15 ou 20 lieues, par la chaleur, qui, avec
les fecouffes de la voiture, contribue beaucoup
aux déchets ; fouvent auffi l'erreur vient de l'inexac-
titude de la pefée, & du retard après la mouture.

On fent aifément que les produits de la mouture
économique ne peuvent pas être toujours uni-
formes, tant en farine qu'en fon. Les différentes
façons de moudre & remoudre, l'habileté du
Meûnier, la bonté des meules & du Moulin, le
jeu & la perfection de fes différentes pièces, les
différentes qualités des grains plus ou moins fecs,
plus ou moins pefans, vieux, &c., apportent
toujours des différences confidérables dans les produits ; on va, par cette raifon, examiner encore
les divers produits de la mouture économique,
eu égard au trois différentes claffes ou qualité de
bled qu'on diftingue dans le Commerce, en fe
bornant pour chacune au terme moyen de comparaifon.

§ XV.

Tableau de comparaison des divers produits des trois différentes qualités de bled par la mouture économique.

Iʳᵉ CLASSE.	IIᵉ CLASSE.	IIIᵉ CLASSE.
Bled de la tête.	*Bled Marchand.*	*Bled commun.*
Poids du fetier, année comm. 240 liv.	Poids du fetier, année comm. 230 liv.	Poids du fetier, année comm. 220 liv.
Produit en farine. 175 à 180	Produit en farine. 165 à 170	Produit en farine. 155 à 160
Produit en fon. 55	Produit en fon. 55	Produit en fon. 55 à 60
Déchet. 5 à 6	Déchet. 5 à 6	Déchet. 5 à 7
Produit égal à celui du bled. 240	Produit égal à celui du bled. 230	Produit égal à celui du bled. 220

Tableau de comparaison du produit de la mouture économique avec celui de la mouture ordinaire ou ruſtique.

Un quintal de bled froment de la deuxième Claſſe, moulu à la manière ordinaire, & la même quantité de 100 livres du même bled, moulu ſuivant la méthode économique, ont rendu en farine,

Par la mouture ordinaire ou ruſtique.	liv.	onc.	gr.	*Par la mouture économique.*	liv.	onc.	gr.
Farine à faire du pain blanc.	58	13		Farine fine & à gruau blanc.	55	1	
Farine à pain bis-blanc.	7	3		Farine à pain bis-blanc.	0		
Farine à pain bis.	0			Gruaux gris & bis.	23	10	4
Gros fon.	31	7	4	Gros & petit fon.	19		4
Total.	97	7	4	Total.	97	11	5
Déchet.	2	8	4	Déchet.	2	4	3
Total égal au poids du bled.	100			Total égal au poids du bled.	100		

G 4

Tableau de comparaison des produits, en farine, d'un quintal de seigle de deuxieme qualité.

[Par la mouture rustique.	liv.	onc.	gr.	Par la mouture économique.	liv.	onc.	gr.
Farine.	53	13	4	Farine.	72	3	4
Son.	44	3		Son.	25		4
Total.	99		4	Total.	97	4	
Déchèt.	1	15	4	Déchet.	2	12	
Total égal au poids du bled.	100			Total égal au poids du bled.	100		

Tableau de comparaison des produits de 522 livres de bled-froment des Provinces Méridionales.

Par la mouture à la grosse.	liv.	onc.	Par la mouture économique.	liv.	onc.
Farine à faire du pain blanc.	119	3	Farine fine & gruau blanc.	345	2
Farine à pain bis-blanc.	172	3	Farine à pain bis-blanc.	0	
Farine à pain bis.	118	14	Farine bise.	64	10
Gros son.	97		Gros & petit son.	99	12
Total.	507	4	Total.	509	8
Déchet.	14	12	Déchet.	12	8
Total égal au poids du bled.	522		Total égal au poids du bled.	522	

Tableau de comparaison des produits de 360 livres de bled froment septentrional.

Par la mouture à la grosse.	liv.	onc.	Par la mouture économique.	liv.	onc.
Farine fine à pain bis-blanc.	85	8		184	10
Farine à pain bis-blanc	157	1		87	5
Total.	242	9		271	15

[105]

Il y a cette différence entre la mouture à la
groffe & la mouture ruftique, que les Moulins où
l'on pratique la mouture à la groffe, n'ont point
de bluteau, enforte qu'on rapporte chez foi la farine mêlée avec les fons & gruaux ; au lieu que
les Moulins où fe pratique la mouture ruftique,
ont une huche au-deffous des meules, avec un
bluteau d'étamine. Si cette étamine eft affez groffe
pour laiffer paffer le gruau & la groffe farine avec
beaucoup de fon, on l'appelle la *mouture des
pauvres*; fi le bluteau, moins gros, fépare le fon,
les recoupes & recoupettes, on la nomme *mouture des bourgeois*; enfin, fi l'étamine eft affez fine
pour ne laiffer paffer que la fleur de farine, on
l'appelle *mouture des riches*.

On a cherché à rendre la mouture économique
encore plus profitable au peuple, & l'on eft parvenu à en porter les produits, en toute farine,
à 190 & même 194 livres, en faifant paffer les
fons gras par une bluterie cylindrique, au lieu
d'un dodinage, & au lieu d'en remoudre toute
la maffe enfemble ; en remoulant deux fois les deux
premiers gruaux blancs ; en repaffant fous la meule
tout à la fois le gruau gris, la recoupette, les
recoupes & les fons, & en employant des bluteaux
un peu plus ronds ; enfin en mêlant enfemble
toutes ces farines, on en a fait un excellent pain
de ménage, qui, à la blancheur près, a été

trouvé de bon goût, très-salubre, très-nourriffant
& préférable à tout autre pour la nourriture du
peuple.

J'obferverai encore qu'il y a une grande différence entre le produit du bled nouveau, & celui
du bled qui a paffé l'année, qui a refué, & qui
a été foigneufement travaillé dans le grenier.

En général les grains raffinent tellement par
la manipulation &ˑla vieilleffe qu'au bout de fix
mois, 20 muids ou 20 fetiers de bled fe réduifent
à environ 19 ; mais le produit en farine eft plus
confidérable. Au bout de l'année, les 20 muids fe
trouvent environ à 19 & demi ; le produit en
farine augmente en proportion.

En 1758, deux fetiers de bled, de la feconde
qualité, ont été moulus à la fin de l'année de la
récolte, & ont produit en farine, ci   321 liv.

Deux fetiers de la même récolte &
de la même qualité, qui avoient été
moulus étant nouveaux, n'avoient produit que, ci . . . . 306 liv.

Différence . . . 15 liv.

§ X V I.

*Procédés & Réfultats de la Mouture économique
des bleds humides.*

Les procédés ordinaires de la mouture économique ne conviennent que pour les bleds d'une

sécheresse ordinaire, tels que ceux du nord & de la plupart des provinces de France.

La mouture des bleds humides exige des procédés différens, celle des bleds étuvés & celle des bleds méridionaux, en exigent d'autres encore que je décrirai successivement.

Dans les années 1744, 1771, 1779 & 1782, les récoltes des grains, ont été humides, les bleds & farines se sont échauffées, on en a perdu pour des sommes immenses faute de savoir les moudre & manœuvrer.

Dans la plupart de nos provinces on ne fait usage que de la mouture à la grosse, & l'on fait le pain du peuple avec des gruaux qui n'ont point été remoulus. Ces grosses farines n'étant point assez dilatées ne prennent point assez d'eau au pétrin, font de mauvais pain & en font un quinzième environ de moins que la farine suffisamment dilatée & de bonne qualité.

Lorsque les bleds humides ne sont pas séchés, comme je le dirai à l'article des bleds étuvés, la mouture s'en fait mal, les meules s'engraissent les farines restent humides, s'échauffent, les sons restent gras & se corrompent, les farines qui y restent attachées font une perte considérable, & l'on évitera tous ces inconvéniens en procédant ainsi qu'il suit.

1º. Il faut que les meules soient rhabillées ou

repiquées un peu plus profondément, cela s'appelle en terme de meunerie nétoyer un peu plus les rayons des meules, ou les faire de 3 ou 4 lignes moins larges que pour la mouture ordinaire.

2°. Le bled humide doit être moulu un peu rond, de manière que le boisseau de son, mesure de Paris, qu'il produira, pèse environ 7 à 8 livres, au lieu de 5 livres, environ qu'il pèse ordinairement.

3°. Il résulte de cette mouture un peu ronde, que la farine est plus séche & de meilleure conservation, elle fait plus de pain & il est meilleur, les gruaux sont plus secs, les meules ne s'engraissent point, les remoulages & recoupes des gruaux moulus chacun séparément sont plus aisés à rémoudre.

4°. On moud les sons & recoupes avec un dodinage & une bluterie pour en tirer les parties séparément, & ne remoudre que ce qui est encore chargé de farine. Le son étant bien écuré par un broyement propre à cette mouture, ne se corrompera point, la farine n'ayant point été engraissée dans les meules s'échauffera moins dans les sacs, & l'on tirera de ces bleds humides le meilleur parti possible.

5°. La mouture que je conseille est un peu plus longue mais pas tant qu'on se l'imagine, parce que les meules ne s'engraissant point, il n'y a point de temps à perdre pour les dégraisser, comme à la mouture ordinaire, & la mouture s'en fait plus vîte.

Le Meûnier rejettera peut-être cette mouture sous prétexte qu'elle est trop longue, & le Boulanger sous prétexte qu'elle donne plus de farine bise, & que trouvant plus de bénéfice à vendre du pain mollet que du pain de ménage, il préfére de ne tirer qu'une moindre quantité de farine blanche, sachant bien se dédommager sur les riches de la perte qu'il fait au préjudice des pauvres. Je vais tâcher de leur prouver leur erreur par le calcul des bénéfices qui résultent des procédés que je conseille.

On suppose que par la mouture ordinaire ils puissent tirer du setier de bled humide 155 livres de farine blanche & 12 à 15 livres de farine bise.

1o. Les 155 livres de farine blanche étant molle & terne se vendront moins que la bonne farine.

2o. Je n'aurai par mes procédés que 140 à 145 livres de farine blanche; mais j'aurai 30 à 35 liv. de farine tant bis-blanc que bise, & toutes ces farines étant mélées ensemble seront vendues au moins 20 à 30 sols par quintal plus que la farine blanche & molle.

3o. Je tirerai au moins dix à quinze livres de

toutes farines de plus qu'en ne faifant que de la farine blanche.

4°. Ma farine fe confervera plus long-temps, le pain en fera meilleur, j'en ferai une plus grande quantité, & mon fon bien écuré fe corrompera moins.

Si l'on avoit fait ufage de cette mouture dans les années humides, & notamment pour la récolte de 1782, que de bled & de farine gâtés ne l'euffent point été, de combien d'épidémies populaires on fe feroit préfervées, que d'hommes & de richeffes on eût épargné.

§ X V I I.

Mouture économique des bleds étuvés.

La mouture des bleds humides feroit plus avan-tageufe s'ils étoient préalablement bien féchés dans les étuves.

La mouture des bleds étuvés demande une atten-tion particulière. Autant qu'il eft poffible, il faut avoir des meules très-douces, à caufe de la féche-reffe du grain ; il faut faire des rayons fort larges afin que le bled ne foit point haché en le mou-lant. Si les meules ne font pas auffi douces qu'on pouroit le défirer, il faut y faire des rayons de vingt à vingt-quatre lignes de largeur fur la feuillure, & de trois pouces de diftance, au moins.

Il faut une rhabillure très-douce, & avoir foin de bien garnir les trous des meules avec le maftic de farine, de feigle & de chaux vive, afin que l'on puiffe faire un gros fon.

Il faut auffi tenir les meules ouvertes de manière qu'elles ne puiffent moudre que huit à dix pouces, afin que le bled fe concaffe moins & faffe le fon plus gros.

Il faut en outre avoir foin de fe fervir de bluteaux très-fins, parce qu'en général les bleds fecs l'exigent.

Ces bluteaux fins donneront une bonne quantité de gruaux & des farines très-fines & de bonne qualité; en remoulant les gruaux jufqu'à quatre fois, on eft fûr de tirer tout le produit poffible & de l'avoir de bonne qualité.

Ces procédés ne font confeillés, ainfi que tous les autres, que d'après les épreuves qui en ont été faites avec foin.

§ X V I I I.

Mouture économique des bleds méridionaux.

Les bleds d'Italie, d'Afrique ou de Barbarie, & même des provinces méridionales de la France, exigent d'autres procédés en raifon de leur grande féchereffe & dureté.

Il y a quarante ans on ne favoit point affleurer

ces bleds par la meule, & pour les moudre on
étoit obligé d'en attendrir l'écorce en les humec-
tant. C'étoit une mauvaife opération, car la farine
des bleds qui ont pris de l'eau avant la mouture,
en prend moins au pétrin, d'ailleurs cette eau
fait fermenter les grains & leur fait perdre leur
goût.

Voici comment il faut moudre ces bleds.

Difpofez les meules comme pour la mouture des
bleds étuvés, ne les rhabillez que de deux rayons
l'un ; le rayon rhabillé concaffe le grain, l'autre
fait la fleur, & la feuillure nétoie le fon ; la farine
en fera longue & poin: grauleufe, comme dans la
mouture ordinaire.

Les bleds de Barbarie étant encore plus durs
que ceux d'Italie, il faut un rhabillage plus doux,
il fera de deux rayons l'un ainfi qu'il eft dit ci-deffus,
mais à la meule courante feulement.

Laiffez le cœur des meules & l'entre-pied bien
ouverts ; les meules ne moulant qu'environ un
pied, il faut les bien garnir de pâte de feigle
& de chaux vive, fi l'on veut avoir une farine
longue.

Les bleds du midi font ordinairement la farine
jaune, mais elle le fera moins par les procédés que
je confeille, elle fera bien dilatée, fans l'être
trop, elle fera plus de pain, il fera meilleur &
plus blanc, le gruau fera fec & le fon doux. Les

Moulins d'une rotation un peu forte affleurent mieux le bled de cette efpèce, dilatent mieux leur farine, & en nétoient mieux le fon que les Moulins faibles.

§ XIX.

Mouture économique des feigles, orges, méteils, &c.

Tout ce qu'on a dit jufqu'ici fur la mouture économique ne concerne que les fromens ; à l'égard des menus grains, les procédés & les réfultats en font un peu différens.

Comme il y a plus d'un cinquième du royaume qui ne vit que de feigle, il eft effentiel de faire connoître la mouture de ce grain, qui par fa forme mince & allongée perd bien plus que le froment par la mouture ordinaire.

Pour la bonne mouture des feigles, il faut :

1°. Tenir les rayons des meules plus près les uns des autres & plus petits que pour moudre le froment ; le moulage affleurera mieux, fera plus doux, produira plus de farine & un petit fon mieux évidé.

2°. On commence par moudre fans dodinage.

3°. Après le premier broyement, on en fait un fecond de la totalité des fons & des gruaux, & l'on ne fait aller le dodinage ou la bluterie que cette feconde fois pour en tirer tous les gruaux & recoupes.

H

4°. On remoud ces gruaux & recoupes séparément deux fois afin de les tirer à sec. La raison essentielle des différens procédés de cette mouture des seigles, c'est que leur écorce ou son, tient mieux à la farine que celle du froment. Un premier broyement suffit pour détacher le son du froment, au lieu que celui du seigle reste toujours chargé de farine; c'est pourquoi il faut le faire repasser sous la meule, avec les recoupes & gruaux.

Dans les provinces où l'on fait usage de la mouture rustique, elle cause une très-grande perte dans la mouture des seigles, ainsi qu'on le voit par le troisième tableau de comparaison ci-devant; la farine en est composée, pour la majeure partie, de gruaux entiers & de recoupes qui ne prennent pas l'eau au pétrin, ne lèvent point, empêchent le bouffement de la pâte & la bonne fabrication du pain, qui, par sa mauvaise qualité, est préjudiciable à la santé des citoyens les plus utiles. Enfin en employant les gros & petits gruaux en nature, il y a un douzième ou quinzième de perte sur la quantité dans la fabrication du pain. Ainsi ceux qui font usage de la mouture rustique, devroient au moins rémoudre toute la quantité de sons & gruaux une ou deux fois & bien allonger la farine.

Quant à la mouture à la grosse, comme on

ne sépare pas les sons au Moulin, on ne peut pas les faire remoudre, & la perte qu'elle fait sur les seigles est inévitable & beaucoup plus considérable.

Puisque la mouture des seigles doit être différente de celle des-fromens, que le rhabillage & le rayonnement des meules doivent varier en raison des différentes formes & qualités des grains; il est évident que les mélanges de seigles & de froment, connus sous le nom de *méteil, méléard, mécle, conceau, cosseguel, &c.* sont toujours d'une mouture désavantageuse.

Le désavantage est sensible si l'on réfléchit d'une part qu'à chaque broyement des parties de froment soit entiers, soit en gruaux; l'adresse du Meûnier consiste dans l'art d'enlever légèrement la pellicule extérieure; d'autre part que dans le seigle, le son étant plus adhérent à la farine qui est grasse, il faut un broyement plus fort & plus serré pour l'en détacher.

Il est donc intéressant de faire moudre les seigles & les fromens chacun séparément, sans cela les différences en forme & qualités de ces deux espèces de grains font que l'un est broyé & haché sous la meule, tandis que l'autre est à peine concassé; ce qui produit une perte considérable dans les Moulins ordinaires & même dans la mouture économique, quoique moins grande dans celle-ci,

parce qu'elle tamife & remoud les gruaux à plufieurs reprifes. La mouture économique des orges
demande auffi des attentions particulières ; il faut
bien fe garder de remoudre la totalité des fons,
comme dans celle des feigles , parce que la paille
de l'orge pafferoit dans le bluteau & feroit préjudiciable à la confervation des farines & à la
bonté du pain, excepté lorfque les orges font
très-humides. Il faut néceffairement mettre un
dodinage ou un blutau, pour en tirer la paille;
enfuite on fait remoudre deux fois les gruaux bis
& blancs , en ayant foin de les bien affleurer.
Puis on remoud les recoupes une feule fois &
fort légèrement , en n'approchant les meules que
très-peu, afin qu'en repaffant toute la maffe au
dodinage ou à la bluterie , on puiffe encore
en tirer les petits gruaux qui pourroient s'y
trouver.

Pour la mouture des blocailles , farrafin ou bled
noir & des avoines , il faut fuivre les mêmes
procédés que pour celle des orges.

§ X X.

Objections contre la mouture économique ,
& Réponfes.

On a critiqué la mouture économique , & on lui
a reproché de faire une farine chaude qui fe

blute mal, d'occafionner beaucoup d'évaporation & de déchet, & que fon attirail de bluterie gênoit le Moulin.

Réponfes. Le premier reproche ne convient point à la mouture économique, qui va toujours en allégeant, mais bien à la mouture brute ordinaire qui broie fouvent mal le grain, qui moud en approchant, qui brûle la farine & fépare mal le fon.

Le fecond reproche eft auffi mal fondé, & convient particulièrement à la mouture à la groffe, parce que outre la perte des recoupes & gruaux, il y a bien plus de déchet dans les bluteries qui fe font hors du moulin comme il fe pratique pour cette mouture.

Le troifième reproche eft auffi mal fondé, puifque tout ce prétendu attirail de bluterie eft renfermé dans une feule huche de fept à huit pieds de longueur.

Pour nous, nous reprochons avec la plus exacte vérité à toutes les moutures ordinaires de confommer en pure perte un quart, un fixième, un huitième, un dixième de grains de plus qu'elles ne le devroient, ce que j'ai prouvé par mes tableaux de comparaifon, & cela fuffit pour prouver l'utilité de la mouture économique, & de la connoiffance de fes différents procédés, felon les différentes qualités des grains.

§ X X I.

*Réformes à faire aux Moulins ordinaires , à ceux
à cuvette , & aux Moulins pendans.*

Pour exécuter , à peu de frais , la mouture économique dans les moulins ordinaires , il eſt néceſ-
faire d'y faire quelques changemens.

Si l'on peut élever un étage au - deſſus des
meules , on y placera au moins un crible normand , un crible de fer-blanc piqué & un tarare ,
& l'on fera mouvoir les deux derniers par le même
moteur des meules.

S'il eſt impoſſible de pratiquer cet étage ſupérieur au-deſſus de la trémie des meules , il faudra
apporter les grains au Moulin bien nétoyés ; ſans
cela on ne peut faire de bonne farine.

Pour la mouture du bled , il faut que les meules
ſoient piquées non à coups perdus , mais en
éventail ou rayons compaſſés du centre à la circonférence.

Il faut ajouter ſous les meules une huche di-
viſée ſur ſa largeur en deux parties. Dans la
partie ſupérieure de la huche , on placera un bluteau d'une ſeule étamine , pour tirer toute la
farine de bled. Dans la partie inférieure de la
huche il faut mettre une bluterie cylindrique ,
garnie de trois différentes étoffes , la première

de foie, la feconde de quintin, & la troifième de canevas ou un dodinage.

Ces bluteaux feront également mis en mouvement par le même moteur des meules.

Tel eft le mécanifme à ajouter aux Moulins ordinaires à eau & de pied ferme, pour y pratiquer la mouture économique, après en avoir réformé les défauts dont je vais parler.

C'eft effentiellement dans les proportions & dans la monture de l'arbre & de l'anille, que confiftent les plus grands défauts de la plupart des Moulins ordinaires & de ceux à cuvette.

Dans la plupart des moulins ordinaires, l'anille porte fur les épaulemens de la fufée, parce que l'une & l'autre font mal faites. Il réfulte de ces vices de conftruction, qu'il n'eft pas poffible de bien dreffer la meule, qu'elle panche plus d'un côté que de l'autre, qu'elle cahotte en tournant, & que le broyement du bled fe fait mal.

Il y a quarante ans que le fieur Rouffeau, Meûnier à Saint Denis, l'homme le plus inftruit alors en mécanique de Moulins, réforma ces défauts de conftruction en perfectionnant les quatre petits coins de fer, qu'on nomme *Pipes*, dont il combina la forme avec celle de l'anille & du papillon, tellement qu'il vint à bout d'ajufter fes meules de manière que la meule courante, en repos ou en

H 4

mouvement refte toujours mieux en équilibre fur
fon pivot , qu'elle n'y étoit auparavant ; il fit part
de cette réforme à ceux de fes confrères qu'il
connoiffoit ; on en fit ufage dans plufieurs Moulins. Mais cette réforme eft encore inconnue dans
une grande partie du royaume, où les meules
font encore cahotantes & montées à l'ancienne
mode ; ainfi il eft effentiel de faire connoître
les moyens de corriger ces défauts & de dreffer
les meules de manière qu'elles exécutent facilement la meilleure mouture. C'eft ce que j'ai tâché
de faire en faifant connoître les défauts des plu-
mars & des tourillons , lorfque j'en ai fait la
defcription à leurs articles , & en donnant les
proportions exactes de toutes les parties de l'arbre
du fer, de l'anille , de la crapaudine , & de toutes
les pièces qui concourent avec elles aux effets
défirés ; je vais maintenant faire connoître les
défauts des Moulins à cuvette.

Défauts des Moulins à cuvette.

Les meules de ces Moulins ont ordinairement
de 4 à 5 pieds de diamètre, fur 8 à 10 pouces
d'épaiffeur, elles font ordinairement mal piquées
& mal dreffées. On ne pratique dans ces Moulins que la mouture à la groffe ; ils font plus
fujets que les autres , à chômer dans les temps
de féchereffe , parce qu'il leur faut plus d'eau &

de rapidité pour les faire tourner, à proportion
de l'ouvrage qu'ils font. Pour en dreſſer les meules
on fait uſage, comme dans la plupart des Moulins
ordinaires, de coins de bois, au lieu de pipes de
fer ; auſſi ces meules ont-elles toujours de la pente
& font des farines très-échauffées.

Pour remédier aux défauts de conſtruction & de
mouture de ces moulins, il faut : 1º. employer un
arbre de bout d'une force convenable, c'eſt-à-dire
d'environ 8 à 10 pouces de gros ou en quarré.

2º. Que cet arbre ſoit placé bien perpendiculairement ſur ſa crapaudine.

3º. Que ſon bout d'en-haut de la groſſeur
d'environ deux pouces en quarré ſoit contenu
par une traverſe de bois, & dans un chapeau de
bois.

4º. Que ce chapeau ou trou de bois ſujet à
s'uſer par le frottement, ſoit garni d'un boitillon
de fer aſſez large pour qu'on puiſſe le garnir
en-dedans de bourre & de graiſſe, pour adoucir
le mouvement, & pour pouvoir y inférer des pipes ou petits coins de fer, pour contenir & dreſſer les meules.

5º. Il faut ajouter à l'arbre de bout un rouet
de couche du diamètre poſſible, pour ne pas géner
le befroi des meules.

6º. Ajouter encore à l'arbre tournant, une

lanterne avec huit fuseaux qui foient bien de pas avec les dents du rouet.

7°. Que les meules foient bien placées au droit de la cuvette avalant l'eau.

8°. Que l'anille & les ferrures foient conditionnées ainfi qu'il eft dit à l'article de l'anille.

9°. Que le mouvement du bluteau par la croifée fur la lanterne, foit régulier.

10°. Que le petit crible à cilindre placé fous la huche, au lieu du dodinage, prenne fon mouvement par des poulies de renvoi, & faffe environ 25 à 30 tours par minute, ainfi que les autres Moulins.

Après avoir réformé les défauts de ces Moulins, & pour y pratiquer le criblage des grains, la mouture & la bluterie des gruaux, il faut :

1°. Un hériffon qui prenne dans le rouet de couche qui fait tourner la meule, avec un treuil de couche, tenant d'un bout dans l'hériffon, l'autre bout à tourillon de fer tenant foit au mur, foit dans un Poteau de bout.

2°. Il faut emmancher au treuil les poulies néceffaires pour faire tourner un ventilateur, un crible cylindrique, une bluterie à fon & toutes les machines néceffaires à la perfection de la mouture.

3°. Enfin il faut, ainfi que je l'ai dit aux articles de criblage & blutage, que le mouvement

de rotation de ces machines soit régulier & parfaitement d'accord entr'elles.

Moulins sur bateau.

Quant aux Moulins pendans & sur bateau, le
criblage & le blutage peuvent s'y exécuter par
des poulies de renvoi ou par un petit rouage qui
reçoit son mouvement du même moteur des meules. & le Meûnier intelligent; y peut pratiquer
très-bien la mouture économique, ainsi qu'on
peut s'en convaincre par quelques-uns de ces
Moulins qui font sur la Seine : cependant on
préférera toujours les moulins de pied-ferme.

TABLE

Des Matières contenues dans ce Mémoire.

F I N.

EXTRAIT DU JOURNAL POLYTYPE.

EXTRAIT d'un Mémoire de M. DRANSY, Ingénieur du Roi, sur la Construction des Moulins à farine, & sur les meilleurs procédés pour la Mouture des grains, couronné par l'Académie Royale des Sciences; tiré d'un Volume intitulé : Mémoire sur les avantages que la Province de Languedoc peut retirer de ses grains, considérés sous leurs différens rapports avec l'Agriculture, le Commerce, la Meunerie & la Boulangerie.

Par M. PARMENTIER. A Paris, de l'Imprimerie des Etats de Languedoc, sous la Direction de P. F. Didot le jeune, *quai des Augustins.* 1786.

LES changemens que M. Dransy propose dans ce Mémoire, pour simplifier & perfectionner la construction des Moulins à eau & la Mouture des grains, se réduisent à quatre articles essentiels.

Le premier consiste à donner à la lanterne un diamètre du double plus grand, & de doubler en même tems le nombre des fuseaux. Voyez les lettres C des Fig. 2 & 4 de la Planche ci-jointe.

Le second changement confiste à piquer les meules en rayons courbés, au lieu de les rayonner en lignes droites ou en éventail, comme il se pratique pour la mouture économique. Voyez les fig. 1 & 3.

Le troisième changement consiste à substituer au bluteau battant, le bluteau tournant, en établissant au-deffus de la lanterne une poulie E, emmanchée dans le gros fer, & dans la rainure de laquelle on passe une chaine sans fin, dont l'autre partie passe sur une autre poulie fixée à l'extrémité de l'axe du bluteau, & le fait tourner & bluter à fur & mesure que la mouture sort des meules.

Enfin, le quatrième changement consiste à suspendre la meule courante, de manière qu'une fois parfaitement droite & en équilibre, elle puisse rester constamment en cet état en tournant. Le moyen qu'a imaginé M. Dransy, pour opérer cet effet si nécessaire & si désiré, est d'autant meilleur qu'il est très-simple; il ne s'agit que de sceller l'anille B, Fig. 3 & 4, deffus la meule courante, au lieu de la sceller en-deffous, comme A Fig. 1ere & 2, & de donner à la partie du gros fer, qui entre dans l'anille, la forme indiquée par la lettre F.

Voici les avantages qui résultent de chacun de ces changemens, selon M. Dransy.

1786. *Ancienne Methode.*   *Nouvelle Methode.*   *Tom. V.*

Fig. 1

Fig. 3

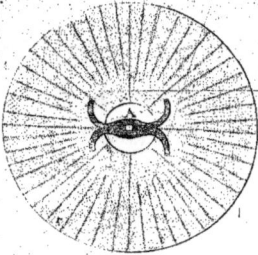

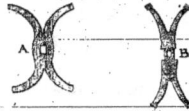

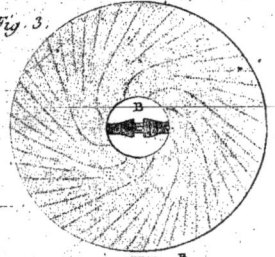

Fig. 2

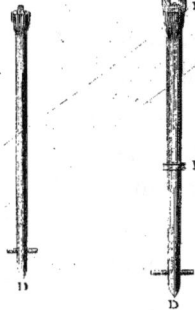

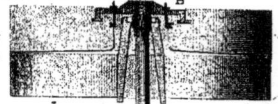

Fig. 4

1   2   3   4   5   6   7   8   *Pieds*

Avantages d'une grande Lanterne.

En augmentant de moitié le diamètre de la lanterne, & en doublant le nombre de fes fufeaux, on
diminue de moitié les mouvemens du Moulin ; c'eft-
à-dire, que fi la meule courante faifoit vingt-quatre
tours en une minute, elle n'en fait plus que douze :
Mais, 1. ce qu'elle perd en vîteffe, elle le gagne
en force ; 2. la meule fe trouve en état de porter
deux fois plus de grain, & de moudre dans le même
efpace de tems plus que par la mouture ordinaire ;
3°. le moulage échauffe moins la farine, qui, en
conféquence, fe blute mieux ; 4°. l'effort du rouet
fur la lanterne étant plus doux, il ne peut plus la
forcer, ni caffer fes fufeaux, ni déranger le gros fer,
d'autant mieux qu'il préfente à la fois trois dents à
trois fufeaux, au lieu d'un, comme dans les Moulins
ordinaires ; & qu'enfin, fi l'un de ces fufeaux caffe,
ou s'ufe plus que les autres, il en refte deux pour
foutenir & continuer le travail du Moulin.

Avantages des rayons circulaires.

Il réfulte du rayonnement des meules en lignes
courbes, la preuve qu'on gagne en force ce que l'on
perd en vîteffe par cette nouvelle méthode, & qu'elle
eft plus expéditive, puifque 1°. dès le premier moulage la farine eft à fa perfection ; 2°. que le fon eft
large & léger : 3°. qu'il en réfulte peu de gruau,

encore moins de recoupettes , & prefque point de recoupes : 4°. & qu'enfin le premier moulage produit
138 livres de farine fans odeur de meule , par feptier
de bled pefant 240 livres , au lieu 92 livres de farine
échauffée que donne, d'un feptier de bled , le premier
moulage de la mouture économique.

Avantages du Bluteau tournant.

Il réfulte de la fubftitution du bluteau tournant au
bluteau frappant , 1°. la fuppreffion du babilard , de
la croifée, de la batte & de la baguette , & par conféquent une conftruction beaucoup plus fimple & moins
difpendieufe ; 2°. que le bluteau tournant fatiguant beaucoup moins que le bluteau frappant , peut fupporter
des étamines ou tamis plus fins & qui cependant durent
davantage : 3°. que le bluteau fuffifant aux moulage
& remoulage , les autres bluteaux qu'on emploie dans
la mouture économique deviennent inutiles.

Avantages du dreffage des Meules.

Le moyen fimple & facile qu'à imaginé M. Dranfy
pour dreffer les meules eft fans contredit la plus avan-
tageufe de fes découverees , elle méritoit feule le prix
que lui a donné l'Académie , & fans doute elle lui
vaudra la reconnoiffance de tous ceux qui fauront en
apprécier le mérite.

Il réfultoit jufqu'ici mille inconvéniens de l'impof-

(5)

fibilité de contenir la meule courante en équilibre pendant fon travail, fa pente toujours inégale occafionnoit des bourdonnemens, des frottemens qui faifoient que les meules s'ufoient plus d'un côté que de l'autre ; il falloit fans ceffe redreffer la meule courante & le pivot du gros fer qui s'ufoit inégalement ; le moulage fe faifoit mal, il en réfultoit des foins, des peines, des pertes, des frais continuels, & tous ces inconvéniens ceffent par le nouveau moyen qu'a imaginé M. Dranfy pour tenir la meule courante toujours en équilibre. Actuellement le Meûnier fera le maître abfolu de fon moulin & de fa mouture, il pourra exécuter facilement à fon gré toutes efpèces de moulage dont il aura befoin, fes meules moudront également, plus long-tems & en s'ufant moins. Tels font les principaux avantages qui réfultent du Mémoire de M. Dranfy.

On a inféré dans le même volume dont nous avons tiré cet extrait, un autre article du même Auteur, que nous publierons inceffamment en raifon de fon utilité, c'eft le plan détaillé & les principes de la conftruction d'un Four de Boulanger.

F I N.

Fig. 1.er

Fig. 3.

Fig. 2.

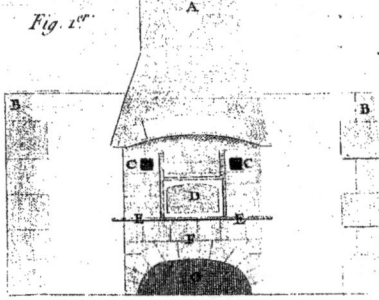

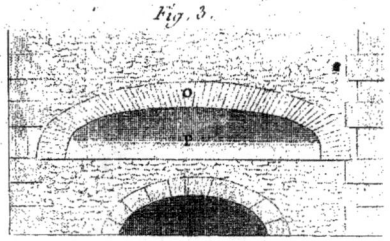

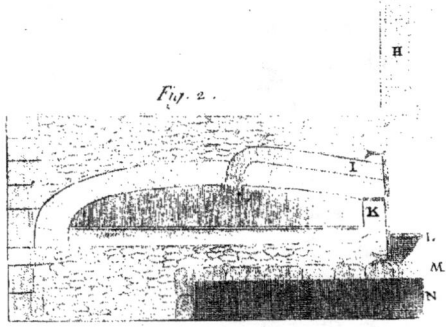

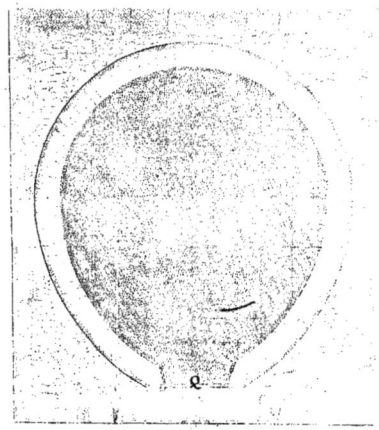

Plan et détails pour la Construction d'un four de Boulanger.

Coupe Interieure du Moulin sur la largeur.

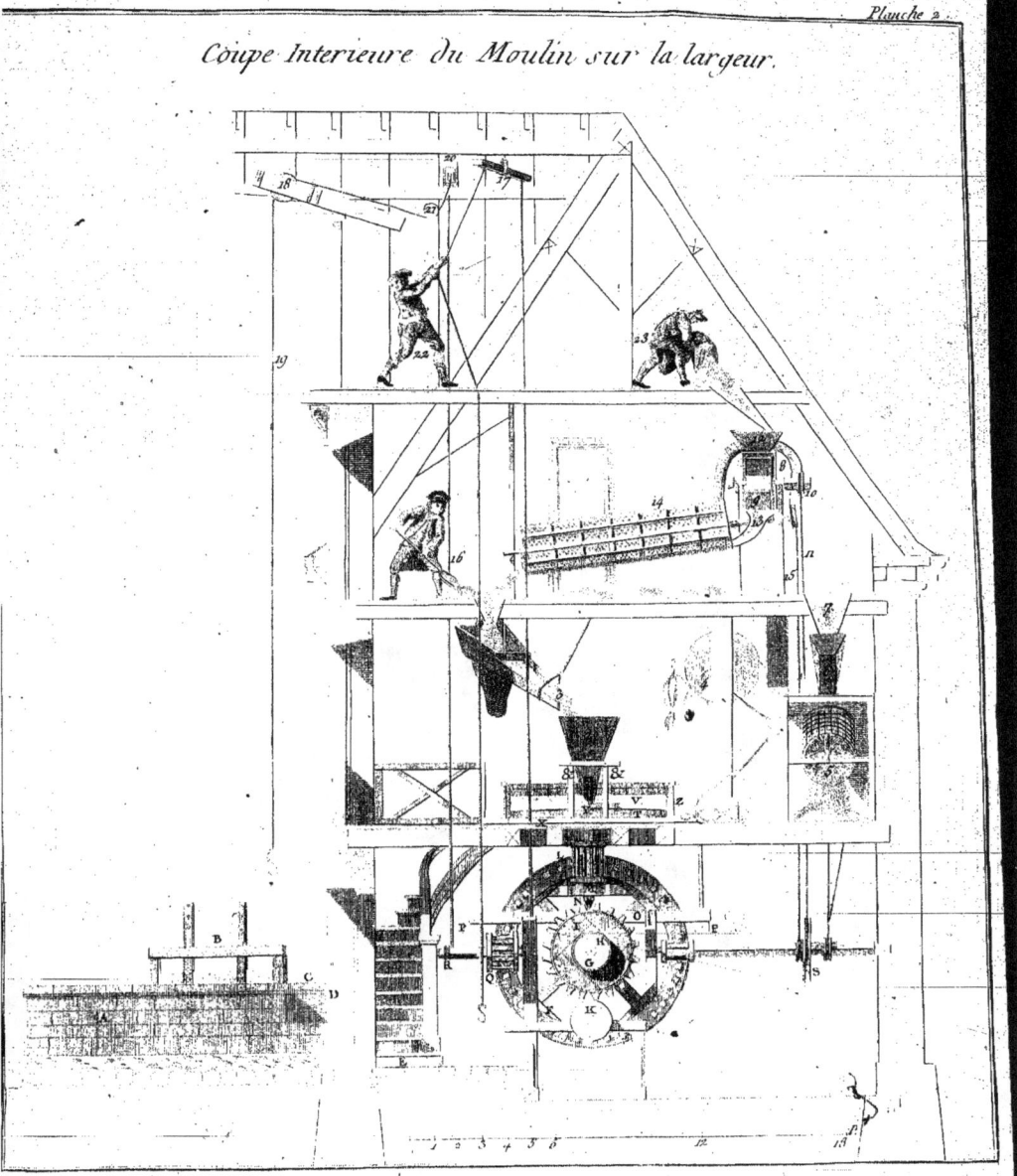

Coupe sur la Longueur du Moulin.

Echelle de 3 Toises.

1 2 3 4 5 6 pieds.

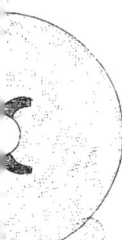

n rayons selon
conomique).

Fig. 2.

Fig. 1ᵉ

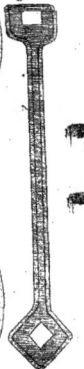

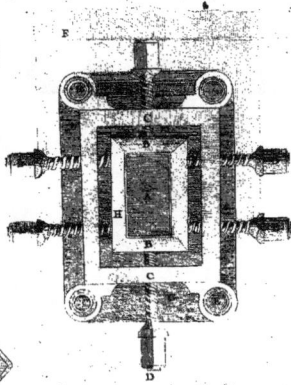

N° 1ᵉʳ

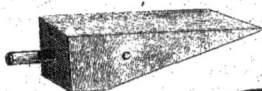

N° 2

3.

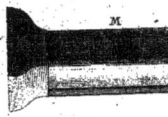

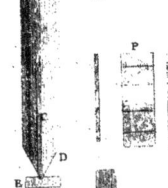

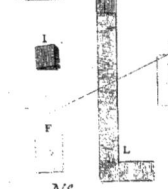

N°

Meule pr
la Metho

Fig. 2.

Fig. 1ᵉ

Meule pi
selon la

N.º 2.

Fig. 2.

N.º 1.er

Fig. 1.ere

Fig. 3.

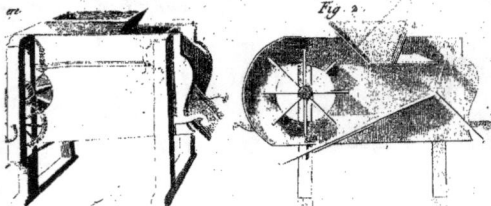

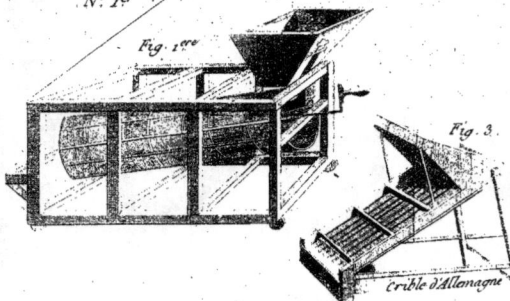

Crible d'Allemagne.

Fig. 2.

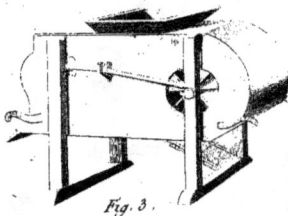

Fig. 5.

Fig. 4.

Fig. 3.

Fig. 4.

Fig. 3.

1 2 3 4 5 6 7 8 9 Pieds

Fig. 6.

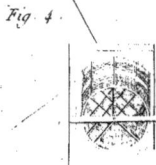

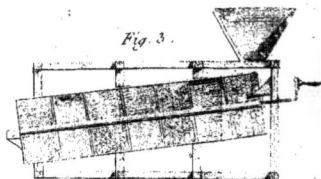

EXTRAIT

DU JOURNAL POLYTYPE.

*CONSTRUCTION d'un Four de Boulanger, d'après
les Principes & les Plans de M. DRANSY,
Ingénieur du Roi ; extrait de son Mémoire inféré
dans l'Ouvrage de M. Parmentier, que nous
avons annoncé dans le Nᵒ. 107. de notre
Journal.*

LE Four est au pain ce que le Moulin est à la
farine : le meilleur bled mal moulu ne donne qu'une
farine de médiocre qualité ; de même, le pain fait avec
la meilleure farine ne vaut rien, s'il est mal cuit ; &
la qualité de la cuisson dépend beaucoup de la conftruction du Four, construction dont les principes font
presque généralement inconnus. Il résulte de cette
ignorance, que la plupart des Fours font construits
fans proportion : la *voûte* est trop élevée ou trop basse ;
la *bouche* ou l'*entrée* est trop large ou trop étroite,
& ferme mal. L'*âtre* est mal carrelé ; il faut souvent
les réparer ; ils confomment trop de bois ; ils retien-
nent trop ou trop peu de chaleur ; enfin, ils brûlent
le pain ou le cuifent mal. Voici les Moyens que confeille Mᵗ. DRANSY, pour remédier à tous ces inconvéniens.

A

La grandeur du Four varie fuivant la groffeur &
la quantité de pains qu'on doit y cuire. Celui dont
on donne ici l'élévation, Fig. 1ere, & les développe-
mens, Fig. 2, 3 & 4, a 9 pieds de large, fur
10 pieds 2 pouces de longueur ou de profondeur. Il
a, dans fon enfemble, 7 pieds de hauteur, depuis le
pavé de la chambre jufqu'au-deffus du Four, dont
moitié, ou 3 pieds & demi depuis le pavé jufqu'à
l'autel, ou la tablette qui précède la bouche du Four.
Cette bouche a 9 pieds de largeur intérieurement : elle
eft foutenue & défendue par deux bandes de fer.

Conftruction des différentes parties du Four.

Les Fondations du Four doivent être faites de
bonnes pierres dures, avec du mortier de chaux &
de fable : leur force, leur épaiffeur doit être proportionnée à la hauteur, à la maffe du bâtiment qu'elles
doivent porter : elles doivent être plus profondes, plus
larges, plus fortes, fi l'on a deffein d'élever fur la
voûte du Four une étuve ou chambre de fix pieds de
haut, dans laquelle on pourroit faire fécher les grains
humides, ou faire les opérations de la Boulangerie :
dans ce cas, on y prolongeroit les *ouras* ou foupiraux
du Four, par le moyen de tuyaux de poële.

Le deffous du Four forme ordinairement un *caveau*,
qui fert à faire fécher le bois deftiné à le chauffer,
& à ferrer les pèles, fourgon & autres uftenfiles
d'ufage. Pour agrandir ce caveau, il ne s'agit que de

creufer, de manière qu'on y defcende une ou deux marches.

Au-deffus de la voûte de ce caveau eft un *arrière-quart* de 14 pouces, pour contenir une partie de l'étouffoir, dans lequel on fait tomber les braifes du Four.

Au-deffus de cet arrière - quart eft *l'autel* ou *la tablette* qui précède la bouche du Four. Cette tablette doit être de fer fondu ; elle doit être percée d'un trou rond, par lequel on fait tomber la braife dans l'étouffoir. Elle doit porter & être arrêtée fur des branches de fer, fcellées dans la mâçonnerie fous l'âtre du Four. Cette tablette fert auffi de fupport à la porte du Four, qui doit être de forte tôle, & s'ajufter pour fermer parfaitement la bouche du Four.

L'âtre doit être carrelé avec des carreaux de terre à four ou à brique, de 9 pouces quarrés fur 4 pouces d'épaiffeur, qui ne font pas cuits au four à brique, mais feulement deffléchés parfaitement à l'air libre. Au défaut de terre à brique, on peut faire ces carreaux avec deux parties de glaife, deux parties de fable fin & une partie de chaux, le tout bien paîtri enfemble. Pour former ces briques, on peut fe faire des moules avec de petites planches, de la longueur & largeur ci-devant indiquées. Le carrelage doit être fait avec un bon mortier de chaux & de fable, & l'on doit avoir foin que les carreaux fe joignent parfaitement.

En conftruifant l'âtre, on fcellera les branches de

fer néceſſaires pour ſupporter l'autel du Four. Quand
l'âtre ſera conſtruit, on en deſſinera l'eſpace intérieur
en forme ovale.

Enſuite on formera, en pierres de taille, ou en
briques, les *pieds-droits* qui doivent ſoutenir la voûte.

Enſuite on conſtruira la voûte du Four avec des
briques, qui doivent être d'un pouce plus étroites
d'un bout que de l'autre, & du mortier de chaux
& de ſable fin. En employant ces briques, on tournera le bout le plus étroit vers l'intérieur du Four.

La hauteur de la voûte du Four doit être le ſixième
de ſa longueur. Cette hauteur ſe prend au-deſſous de
la clef de la voûte. Cette clef ou brique du milieu
de la voûte doit être en forme de pyramide tronquée
& quarrée.

Pour un Four de la dimenſion ci-devant donnée,
la diſtance de l'âtre à la clef doit être de 16 à 18
pouces. Cette diſtance doit aller en diminuant en tous
ſens depuis la clef juſqu'à la naiſſance des rives ; de
manière qu'au bord ſupérieur des rives, la voûte n'ait
plus que 7 à 8 pouces d'élévation, & les rives n'auront dans leur pourtour que 5 pouces de hauteur.
En conſtruiſant la voûte, il faut la tenir de deux
pouces plus élevée, parce qu'elle perd ces 2 pouces
en ſéchant & ſe retirant. Il faut auſſi y former deux
ouvertures, une de chaque côté de la clef, qui vien-
nent par-deſſus la voûte aboutir en - dehors ſur la
face du Four de chaque côté & au-deſſus de ſa bouche. Ces deux conduits de la fumée que peut -pro-

duire le chauffage du Four, fe nomment *ouras*. Lorfque pour chauffer. le Four, on n'emploie que du
bois très-fec & qui ne fait point de fumée en brû-
lant, il faut fermer parfaitement l'ouverture extérieure des ouras, afin de concentrer la chaleur dans
le Four (1).

Le manteau de la cheminée du Four doit avancer
affez pour que la fumée du Four ne puiffe pas fe répandre dans la chambre. La cheminée doit être bâtie en
briques, & les intervales entre la voûte & les pieds
droits doivent être remplis entièrement avec du moëlon
& du mortier de chaux & de fable. Enfin, fi on le
juge à propos, on bâtira fur le Four une chambre
qui fervira d'étuve ou de Boulangerie.

EXPLICATION DE LA PLANCHE.

FIGURE PREMIERE.

Elévation du Four entier, vu de face.

A. Cheminée du Four.

B. Pierres de taille formant les pieds droits de
l'édifice.

C. Ouras.

D. Bouche ou entrée du Four.

E. Autel ou tablette.

(1) Il ne faut jamais employer pour le chauffage du Four de vieux
bois de meubles ou treillages qui aient été peints fur-tout en verd, ni
des bois & plantes de mauvaife odeur.

F. Arrière-quart pour ſoutenir l'étouffoir.
G. Caveau voûté.

FIGURE SECONDE.

Coupe du Four ſur ſa longueur ou profondeur.

H. La cheminée vue de côté.
I. Ouras vu dans ſa longueur.
K. Bouche du Four.
L. Autel vu de profil.
M. Arriere-quart vu de profil.
N. Caveau.

FIGURE TROISIEME.

Coupe du Four ſur ſa largeur.

O. Clef de la voûte.
P. Atre du Four.

FIGURE QUATRIEME.

L'âtre du Four vu à découvert & dans ſon entier, ainſi que le premier lit de briques qui commence la voûte.

Q. Autel du Four.

EXPLICATION
DES PLANCHES.

Elévation extérieure d'un Moulin.

PLANCHE I. A *Arbre tournant* avec la *grande roue* du dehors, B garnie de ses *aubes & coyaux*, C un *homme*, D sur le *pont de pierre*, E qui lève la *vanne mouloir*. Le *logement* du Meûnier F est à côté du Moulin G. *Corde* avec son *crochet* pour monter les facs de deffus la voiture au fecond étage. Au bas de cette planche est une échelle de deux toifes.

Coupe intérieure du Moulin fur fa largeur.

PLANCHE II. A *Pont* avec fa *vanne de décharge*. B Partie du *pont de pierre* C qui conduit à la *vanne mouloire*. D *Entrée* principale du Moulin. E *Efcalier* pour monter au premier étage. F Le *rouet* avec fes *chevilles*. G *Arbre tournant* avec fon *tourillon* H, derrière lequel est l'*hériffon* I, faifant tourner la *petite lanterne* K de la *bluterie cylindrique inférieure*. Le *rouet* F fait tourner dans la partie fupérieure la *grande lanterne* L, avec fa *croifée* M traverfée par le *gros fer* N, dont le pivot roule dans le pas du *palier* O , appuyé fur fes *deux braies* P.P. Les chevilles du même *rouet* font en même-tems tourner dans fon milieu deux autres petites lanternes , dont la pre- mière Q , emmanchée au bout du *treuil* R , fert à monter les facs ; l'autre petite lanterne à l'op- pofite fait tourner *l'arbre de couche* avec fes *pou- lies* S , qui font tourner auffi la *bluterie à fon gras* du premier étage , & les cribles du fecond. Voilà donc *trois mouvemens* différens imprimés à plufieurs machines par un feul tour de rouet , fans qu'ils fe nuifent aucunement les uns aux autres. Souvent on fubftitue à l'hériffon I une quatrième lanterne ou un *pignon* au bas du rouet , pour faire tourner la petite bluterie cylindrique d'une *huche de plat.*

Au premier étage on voit la *meule giffante* T maintenue par fes *enchevetrures* X ; la *meule cou- rante* V avec *l'anille* Y , dans laquelle entre le papillon du gros fer. Les *deux meules* entourées des *archures* Z , les tremions && portent là *trémie* 2 , avec fon auget 1 ; le grain tombe dans la trémie par un *crible de fil de fer* , ou crible d'Allemagne fufpendu au deffus de la trémie.

Dans le même étage des meules , on voit le *moulinet* 4 , pour relever la *meule courante* lorfqu'il en eft befoin. A côté de ce moulinet eft placée la *bluterie à fon gras* 5 , avec fon *auget* 6 & fa *trémie* 7.

[3]

Au second étage on voit le *tarare* 8, dont
les *aîles* 9 sont mises en mouvement par la *poulie*
10, & la *corde sans fin* 11. Le *tarare* reçoit le
grain dans sa *trémie* 12, & le verse bien nétoyé,
par le *conduit* 13, dans le *crible de fer blanc* 14,
mis en mouvement par la *poulie* & la *corde* 15.
L'*ouvrier* 16 jette le grain, qui sort du crible de
fer blanc, dans le crible d'Allemagne suspendu
au plancher du premier étage, qui le verse dans
la trémie des meules.

Au dessus du second étage est un *faux plancher*
où l'*ouvrier*, en tirant la *bascule* 17 attachée
par une corde à l'autre bascule du rez-de-chaussée,
fait engrainer dans les dents du *rouet* la *lanterne*
Q, qui a pour axe le *treuil* R, autour duquel se
roule l'extrémité du cable servant à monter les
sacs. Ce *cable* 19, en passant par la *garouene* ou
poulie de renvoi *du dedans* 20 & le *rouleau* 21,
coule le long de la poulie de la *garouene du
dehors* 18, & fait monter en un instant le sac
attaché au *crochet* du même cable 19. Le même
méchanisme fait monter les sacs du dedans du
Moulin par les *trapes* ménagées à chaque étage.
Un autre *ouvrier* 23, ayant reçu le sac de bled,
le verse dans la trémie du tarare.

Coupe du Moulin sur la longueur.

PLANCHE III. On a ménagé, sous le comble

du Moulin , un *faux plancher* auquel on monte
par *l'escalier* 16 , dont on voit le derrière 11.
L'ouvrier 14 , tirant la *bascule* 12 correspoudante
à celle du rez-de-chaussée , fait engrener dans les
dents du *rouet* L la *petite lanterne* P , pour faire
monter les facs par le moyen de la *garouene du
dedans* 13 & du *cable* 15 , qui élève les facs au
troifième étage , par les trapes du plancher de
chaque étage.

Le bled , reçu par *l'ouvrier* 14 , eft verfé fur
le faux plancher d'où il tombe au fecond étage
par un *conduit* 8 dans la *trémie* 7 du *tarare* 5
& 6 , qui en enlève la pouffière & toutes les
chofes plus légères que le grain.

De-là le bled paffe par un autre conduit dans
le crible cylindrique de *fer blanc* 9 , où il eft
gratté & nétoyé par les rapes de fer-blanc ; enfuite il tombe dans un autre *crible de fil de fer
incliné* 7 , qui en fépare de nouveau toutes les
pouffières & les grains étrangers , & au bas duquel
eft un *émoteux* ou grille de fil de fer , qui arrête
les mottes & les pierres qui pourroient s'y trouver.
Ce *crible d'Allemagne* Y , fufpendu au plancher
du premier étage , verfe le grain dans la *trémie* X
foutenue par fes *tremions* & *porte-tremions* S S.

Le grain parvenu bien nétoyé dans la trémie
des meules , tombe dans l'*auget* u , qu'on peut
hauffer ou baiffer par le moyen d'une petite poulie

& de la *ficelle* t qu'on nomme *baille bled.* Une autre ficelle attachée à la *fonette* 4, & dont le bout est mis fur le bled dans la *trémie* x, avertit le Garde-Moulin lorfqu'il n'y a plus de bled dans la trémie.

L'*auget* u, fecoué par le *frayon* q, attaché fur l'*anille* p, fournit le bled qui tombe par l'œillard ou trou du milieu de la meule, à chaque fecouffe du frayon entre les *meules* m & n entourées du coffre des *archures* R.

La *meule giffante* m, affujettie par fes *enchevetrures* O, eft fupportée par le béfroi dont on voit un des *piliers* r.

La *meule courante* n, fupportée par le gros fer qui entre d'un bout dans l'*anille* p, & qui repofe par fon pivot fur le *palier* o, peut fe hauffer ou fe baiffer par le moyen de la *trempure* attachée à l'une des *braies* q.

Le gros fer imprime à la meule courante le mouvement de rotation qu'il reçoit de la *lanterne* T, dont les fufeaux engrènent dans les dents du *rouet* L, fixé fur l'*arbre tournant* D. Cet arbre, fupporté en dedans par la *chaife* F, & le *chevrefier* M, eft également foutenu au dehors par un autre *chevrefier* B, & par la *chaife* C appuyée fur un *maffif* F. Il reçoit fon mouvement de la grande roue G dont les *aubes* H, attachées par les *coyaux* I, font chaffées par l'impulfion de l'eau dans la *reillère* K. Un homme A avance le chevrefier du dehors pour dreffer le *tourillon* E de l'arbre tournant, afin que les dents du rouet embrayent jufte les fufeaux des lanternes qu'il doit faire tourner.

Le grain moulu tombé dans *l'anche* 1 , dans la partie fupérieure de la *huche* & , où il eft reçu dans le *bluteau* Z. Ce bluteau , fufpendu par les *accouples* & le *palonier* a , eft attaché à la *baguette* X qui entre dans une des lumières ou trous du *babillard* v au deffous de la *batte* S.

Les bras de la *croifés* Y , attachée au gros fer , & frappant trois ou quatre fois , à chaque tour de meule fur la batte du *babillard* V , le mouvement en fens contraire fe communique à la *baguette* X , qui fecoue fortement le *bluteau* Z , & le force à tamifer la fleur farine qui tombe dans la partie fupérieure de la huche *en* & . Les fons gras , qui n'ont pu paffer par le bluteau fupérieur , tombent par le *conduit de fer-blanc* C dans la *bluterie cylindrique* b garnie de plufieurs lés de foie , de toile & de canevas. Cette bluterie , tournant par le moyen de la *lanterne* e qui embraye dans les dents de *l'hériffon* N , fépare les différens *gruaux* d d que l'on fait enfuite repaffer fous les meules.

Nº. 1.   Fig. prem.   PLANCHE IV.

A. Crapaudine ou pas qui porte la pointe du gros fer.

B. Boîte ou poëlette dans laquelle est enfermée la crapaudine.

C. Chassis de cuivre à travers duquel passent les vis de pression.

D D. Vis de pression pour faire couler la poëlette du côté nécessaire pour dresser les meules.

E E. Boulons pour arrêter les chassis sur le palier.

F F. Palier ou grosse pièce de bois sur lequel pose la crapaudine.

G. Plaque de tôle ou de fer-blanc battu pour faciliter la poëlette à couler avec plus d'aisance.

H. Quarré ponctué qui désigne le plan du fer.

La figure 2 représente la clef pour serrer les s.

N°. 2. A. D. Gros fer posé sur la crapaudine. A. Papillon du fer. B. Sa fusée. C. Gros du fer. D. Sa pointe. E. Pas ou crapaudine. F. Plan de la crapaudine. G. Une des chevilles du rouet. H. Fuseau de la lanterne. I. Petit coin de fer, ou pipe pour dresser la meule. K. Plan de l'anille. L. Tourillon. M. Frayon. N. Plan de la boîte. O. Coupe de la boîte. P. Autre coupe de la boîte. Q. Plumard de cuivre pour soutenir les tourillons R de l'arbre tournant.

N°. 3. A. Orgueil ou crémaillère qui sert d'appui à la pince pour lever la meule.

B. Pince pour lever la meule.

C. Coin qui sert à câler la meule à mesure qu'on la lève.

D. Pipoir qui fert à ferrer les pipes ou petits coins.

E. Pipe ou petit coin de fer fervant à ferrer la meule courante.

F. Rouleau fervant à monter ou defcendre la meule courante pour la remettre en place.

G. Marteau à rhabiller les meules.

H. Marteau à grain d'orge fervant à engraver l'anille.

I. Marteau fervant à piquer les meules.

K. Maffe de fer fervant à frapper fur le pipoir.

N°. 4. Figure première. Plan des meules mal piquées, à coups perdus, & faifant mauvaife farine.

Figure feconde. Plan des meules piquées en rayons pour la mouture économique.

N°. 1. 		P L A N C H E V.

Figures première, deuxième, troifième, quatrième. Différentes perfpectives du crible ou bluteau cylindrique.

Figure troifième. Crible d'Allemagne.

N°. 2. Différentes perfpectives du tarare ou ventilateur.

Figure première. Tarare vu par devant.

Figure deuxiéme. Tarare vu par derrière.

Figure troifième. Coupe & profil du tarare.

Figures quatrième & cinquième. Deffins des cribles intérieurs du tarare, agités par la petite roue ; figure fixième.

www.ingramcontent.com/pod-product-compliance
Lightning Source LLC
Chambersburg PA
CBHW071900200326
41519CB00016B/4479